Arnoldt
Digitale Schalterfilter

In der Reihe
Franzis-Elektronik-Fachbuch
sind erschienen:

Eckhardt, Checkliste zur Fehlerverhütung bei der Entwicklung elektronischer Schaltungen
Gerzelka, Funkverkehrssysteme in Design und Schaltungstechnik
Kriebel, Energiesparen mit Elektronik
Nührmann, Operationsverstärker-Praxis
Nührmann, Wie messe ich richtig
Paulsen, Elektronische Motortestgeräte
Vogelsang, Wellenausbreitung in der Nachrichtentechnik

Michael Arnoldt

Digitale Schalterfilter

Von den Grundlagen über die praxisnahe
Entwicklung zum fachgerechten Selbstbau

Mit 107 Abbildungen

CIP-Kurztitelaufnahme der Deutschen Bibliothek

Arnoldt, Michael:
Digitale Schalterfilter: von d. Grundlagen über d. praxisnahe Entwicklung zum fachgerechten Selbstbau / Michael Arnoldt. – München: Franzis, 1984.
(Franzis-Elektronik-Fachbuch)
ISBN 3-7723-7461-1

© 1984 Franzis-Verlag GmbH, München

Satz: SatzStudio Pfeifer, Germering
Druck: Franzis-Druck GmbH, Karlstraße 35, 8000 München 2
Printed in Germany. Imprimé en Allemagne

ISBN 3-7723-7461-1

Vorwort

Digitale Schalterfilter sind seit einigen Jahren im Gespräch. Ihre Entwicklung zur integrierten Schaltung, und nur in dieser Form kann man ihre Vorteile voll nutzen, wurde ganz wesentlich durch die nachrichtentechnische Industrie gefördert. In letzter Zeit kommen auch Versionen auf den Markt, deren Anwendungen nicht allein auf den Masseneinsatz in Nachrichtennetzen zielen. Damit werden diese Bauteile auch für Hobbyelektroniker interessant.

In diesem Zusammenhang trifft man oft auf die Bezeichnung Digitalfilter. Das ist nicht ganz zutreffend, denn digitale Filter arbeiten rein digital und benötigen weder am Eingang noch am Ausgang analoge Signale. Welche Bezeichnung sich schließlich im technischen Sprachgebrauch durchsetzen kann, wird die Zukunft zeigen.

Digitale Schalterfilter — sie nehmen den Hauptteil dieses Buches ein — weisen gegenüber herkömmlichen Filtern folgende Vorteile auf. Sie sind als abstimmbare Filter integrierbar, lassen sich durch eine einzige externe Taktfrequenz abstimmen und weisen einen linearen Zusammenhang zwischen Filter- und Taktfrequenz auf. Ihre Nachteile, die Erzeugung von Aliassignalen und das Auftreten der Taktfrequenz am Filterausgang, können in den Auswirkungen entweder vernachlässigt oder durch entsprechende Maßnahmen in sehr vielen Fällen klein gehalten werden.

Obwohl sie nicht zu den ältesten Entwicklungen auf dem Sektor der Schalterfilter zählen, kommt heute den SC-Filtern die größte Bedeutung zu. Ihnen wurde daher in diesem Buch viel Platz eingeräumt. Unter den SC-Filtern ermöglicht wohl das IC MF 10 von National Semiconductor die größte Anwendungsbreite. Dem wurde durch eine ganze Reihe von Bauanleitungen Rechnung getragen.

Das Schwergewicht der Darstellungen liegt auf der praktischen Anwendung. Dabei wurden die einzelnen Schaltungen soweit entwickelt, daß sie, z.B. unter Benutzung der Platinenvorlagen, problemlos nachgebaut werden können. Die Erläuterungen im Text sollen den Leser in die Lage versetzen, die Schaltungen nach seinen eigenen Wünschen abzuändern bzw. neue Konzepte zu verwirklichen.

Reinheim   Michael Arnoldt

Wichtiger Hinweis

Die in diesem Buch wiedergegebenen Schaltungen und Verfahren werden ohne Rücksicht auf die Patentlage mitgeteilt. Sie sind ausschließlich für Amateur- und Lehrzwecke bestimmt und dürfen nicht gewerblich genutzt werden*).
Alle Schaltungen und technischen Angaben in diesem Buch wurden vom Autor mit größter Sorgfalt erarbeitet bzw. zusammengestellt und unter Einschaltung wirksamer Kontrollmaßnahmen reproduziert. Trotzdem sind Fehler nicht ganz auszuschließen. Der Verlag und der Autor sehen sich deshalb gezwungen, darauf hinzuweisen, daß er weder eine Garantie noch die juristische Verantwortung oder irgendeine Haftung für Folgen, die auf fehlerhafte Angaben zurückgehen, übernehmen können. Für die Mitteilung eventueller Fehler sind Autor und Verlag jederzeit dankbar.

* Bei gewerblicher Nutzung ist vorher die Genehmigung des möglichen Lizenzinhabers einzuholen.

Inhalt

1 Filter mit geschalteten Kapazitäten

Diese Filterart stellt die jüngste Entwicklung auf dem Sektor der Schalterfilter dar. Dennoch hat sie dank verschiedener Vorteile die größte Verbreitung unter den Schalterfiltern gefunden. Daher und auch wegen ihres günstigen Preises soll dieser Filterart hier ein breiter Raum gewidmet werden.

1.1 Funktionsprinzip der Filter mit geschalteten Kapazitäten

Das Prinzip der Filter mit geschalteten Kapazitäten, die im amerikanischen Sprachgebrauch *Switched Capacitor Filter (SCF)* genannt werden, läßt sich am einfachsten anhand einer Tiefpaßschaltung darstellen.

Dem sei eine kurze Beschreibung der passiven und aktiven Tiefpaßfilter vorangestellt. *Abb. 1.1* zeigt die zwei möglichen passiven Tiefpaßschaltungen. Die Funktion des RC-Gliedes erklärt sich daraus, daß der kapazitive Querwiderstand mit steigender Frequenz geringer wird. Die Ausgangsspannung sinkt also.

Die Wirkung der LR-Schaltung ergibt sich aus dem mit zunehmender Frequenz größer werdenden induktiven Längswiderstand. In beiden Fällen werden tiefe Frequenzen bevorzugt übertragen *(Tiefpaß)*.

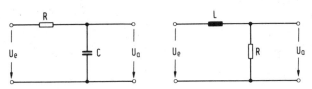

Abb. 1.1 Die Grundschaltungen des passiven Tiefpaßfilters

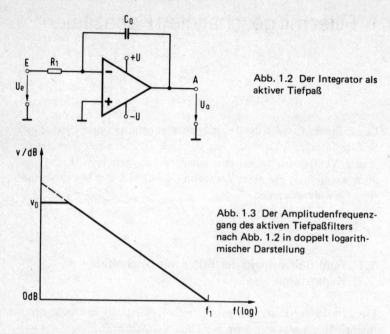

Abb. 1.2 Der Integrator als aktiver Tiefpaß

Abb. 1.3 Der Amplitudenfrequenzgang des aktiven Tiefpaßfilters nach Abb. 1.2 in doppelt logarithmischer Darstellung

Die Grundschaltung des aktiven Tiefpaßfilters ist der Integrator nach *Abb. 1.2*, aus dem sich alle weiteren SC-Filtertypen entwickeln lassen. Der Betrag der Verstärkung dieser Schaltung errechnet sich nach

$$|v| = 1/R_1 \cdot 2\pi f\, C_o \qquad (1.1).$$

Die Verstärkung nimmt also mit der Frequenz f ab. Dies stellt *Abb. 1.3* anschaulich dar. Der Abfall der Verstärkung beträgt 6 dB/Oktave.

Bei der Frequenz f = 0 (Gleichspannungssignal am Eingang) findet man die maximale Verstärkung, die das Operationsverstärker-IC liefern kann, bei der Frequenz f_1 wird v = 1 (0 dB). Die Frequenz f_1 ergibt sich dann aus (1.1) zu

$$f_1 = 1/\, 2\pi R_1\, C_o \qquad (1.2).$$

Das Produkt $R_1\, C_o$ bezeichnet man als Zeitkonstante τ. Daher gilt weiter

$$f_1 = 1/2\pi\tau \qquad (1.3).$$

Zusätzlich erzeugt der (ideale) Integrator eine frequenzunabhängige Phasendrehung von $90°$. Der Operationsverstärker antwortet auf eine Spannungsänderung am Eingang immer dadurch, daß er ein Ausgangssignal erzeugt, das über den Rückkopplungszweig die Spannungen von invertierendem und nichtinvertierendem Eingang gleich werden läßt. Da sich der Kondensator einer schnellen Umladung widersetzt, folgt das Ausgangssignal immer mit einem Phasennachlauf von $90°$.

Durch Zusammenschaltung mit weiteren Integratoren und invertierenden Verstärkern lassen sich die anderen vier Filtertypen (Hochpaß, Bandpaß, Bandsperre und Allpaß) realisieren.

Zur Funktion des SC-Filters stelle man sich zunächst die Schaltung nach *Abb. 1.4* vor. Anstelle des Widerstands R_1 ist hier ein elektronischer Umschalter eingefügt, der mit der Taktfrequenz f_T zwischen beiden Stellungen hin- und zurückschaltet. Der Schalter führt auf eine Kapazität C_1, die daher die Bezeichnung *geschaltete Kapazität* trägt. Anstelle des Umschalters findet man häufig auch die darunter gezeichnete Darstellung, die erkennen läßt, daß der Umschalter aus zwei gegenphasig angesteuerten $(\Phi, \overline{\Phi})$ MOS-Transistoren besteht.

Im folgenden wird gezeigt, daß sich die Kombination aus Umschalter und Kapazität wie der Widerstand R' verhält, sofern die Taktfrequenz hoch gewählt wird verglichen mit der Signalfrequenz $f\,(f_T \gg f)$.

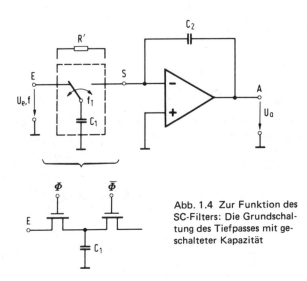

Abb. 1.4 Zur Funktion des SC-Filters: Die Grundschaltung des Tiefpasses mit geschalteter Kapazität

In dem Moment, in dem der Schalter links anliegt, soll der Eingang E die Eingangsspannung U_e haben. Der Kondensator C wird auf diesen Wert aufgeladen. Dann legt das Taktsignal den Schalter nach rechts. Durch die nachfolgende Schaltung aus Operationsverstärker und Kondensator C_2 wird C_1 auf den Spannungswert U entladen. Dieser Vorgang nimmt die Zeitspanne t in Anspruch. Dabei fließt der Strom I. Die Ladung Q, die der Strom I aus dem Kondensator C abtransportiert, ist

$$Q = I \cdot t \tag{1.4}.$$

Da die Ladung im Kondensator sowohl der Spannung als auch der Kapazität proportional ist, gilt:

$$Q = C_1 \, (U - U_e) \tag{1.5}.$$

Durch Gleichsetzen erhält man:

$$I \cdot t = C_1 \, (U - U_e) \tag{1.6}.$$

Der Schalter wird mit einem Taktsignal betätigt, das ein Tastverhältnis von 1 : 1 aufweist, d.h. er liegt gleich lange in der linken wie in der rechten Stellung, nämlich jeweils die Zeitdauer t. Daher ist die Periodendauer T der Schaltfrequenz f_T (= 1/T):

$$T = 2 \cdot t \tag{1.7}.$$

So erhält man:

$$I / 2 f_T = C_1 \, (U - U_e) \tag{1.8}.$$

Da dieser Strom nur während der Hälfte der Zeit fließt (der Kondensator wird ja während der anderen Hälfte in Stellung „links" aufgeladen), ist sein Mittelwert I/2. Man kann sich also diesen Strom I/2 während der gesamten Zeit fließend denken.

Sucht man nun nach dem Widerstand R', der, zwischen die Schalteranschlüsse E und S gelegt, den gleichen Strom I/2 fließen lassen würde, erhielte man

$$R' = \frac{U - U_e}{I/2} \tag{1.9}.$$

In (1.8) eingesetzt wird dann nach Umstellung:

$$R' = \frac{1}{f_T \, C_1} \qquad (1.10).$$

Der Widerstand R' nimmt sowohl mit dem C_1-Wert als auch mit der Taktfrequenz f_T ab.

Die Zeitkonstante τ ($\tau = R \cdot C$ beim herkömmlichen Integrator) nimmt dann die Form an:

$$\tau = R' \, C_2 = \frac{1}{f_T} \cdot \frac{C_2}{C_1} \qquad (1.11).$$

Für die in Abb. 1.3 eingetragene Frequenz f_1 erhält man somit:

$$f_1 = \frac{f_T}{2\pi} \cdot \frac{C_1}{C_2} \qquad (1.12).$$

Man erkennt, daß f_1, wie auch jede andere Bezugsfrequenz auf der Geraden in Abb. 1.3, direkt von f_T abhängt. Das ist einer der ganz entscheidenden Vorteile der SC-Filter gegenüber herkömmlichen aktiven Filtern, denn eine Variation der Taktfrequenz ergibt in gleichem Maß auch eine Änderung der Frequenz f_1.

Weiterhin wird deutlich, daß f_1 nicht durch die absolute Größe der Kapazitäten C_1 und C_2, sondern nur von deren Verhältnis zueinander bestimmt wird. Fertigungsunterschiede, die bei der Herstellung von ICs auftreten, wirken sich mit hoher Wahrscheinlichkeit auf beide Kapazitäten gleichermaßen aus, so daß sich die Wirkung aufhebt. Entsprechendes gilt für die temperatur- oder betriebsspannungsbedingten Kapazitätsänderungen.

IC-Hersteller geben für diese Abhängigkeiten Werte von $10...100 \cdot 10^{-6}/V$ bzw. $10...100 \cdot 10^{-6}/°C$ an. Die Bildung des Verhältnisses C_1/C_2 (oder umgekehrt) verringert die resultierende Abhängigkeit um etwa eine Größenordnung. Dabei liegt die relative Genauigkeit, mit der das Verhältnis C_1/C_2 realisiert werden kann, bei etwa 1 %. Eine Steigerung erscheint möglich. Die absolute Größe des C-Verhältnisses kann bis etwa 500 : 1 betragen, wobei sich der geringste, sicher her-

13

stellbare Absolutwert einer einzelnen Kapazität auf etwa 0,1 pF beläuft.

Nach (1.3) wäre für eine Frequenz von 1...2 kHz eine Zeitkonstante τ von ca. 10^{-4} erforderlich. Ein herkömmliches RC-Glied aus einem 10-pF-Kondensator und einem 10-MΩ-Widerstand würde diese Bedingung erfüllen, der Widerstand jedoch eine Integrationsfläche von 1 mm^2 bei einer Gesamtchipfläche von 10...20 mm^2 beanspruchen. Das gleiche Ergebnis läßt sich erzielen durch eine mit 100 kHz geschaltete Kapazität von 1 pF. Die hierfür beanspruchte Chipfläche liegt bei etwa 0,01 mm^2. Hinzu kommt, daß bei gleicher Taktfrequenz durch eine höhere Taktfrequenz ein größerer Widerstand simuliert werden kann.

1.2 SC-Filter in diskreter Bauweise

Daß SC-Filter nicht nur als integrierte Schaltungen realisierbar sind, sondern sich auch aus diskreten Bauteilen, wenngleich unter Verwendung von Digital-ICs und Operationsverstärkern, aufbauen lassen, soll dieser Abschnitt verdeutlichen.

1.2.1 Das Tiefpaßfilter

Das Prinzip des SC-Tiefpaßfilters wurde bereits in Abb. 1.4 gezeigt. Der integrierte Umschalter läßt sich durch zwei gegenphasig angesteuerte bidirektionale Schalter vom Typ 4016 oder 4066 ersetzen. *Abb. 1.5* stellt die Schaltung dar.

Auf den Eingangspuffer OP 1, der die Signalfrequenz f dem nachgeschalteten Tiefpaß niederohmig anbietet, folgen die elektronischen Schalter ES 1 und ES 2, die gemeinsam den in Abb. 1.4 dargestellten Umschalter bilden. Sie werden von den Q- und $\overline{Q}$-Ausgängen des Flipflops FF (1/2 4013) angesteuert. Die Taktphasen tragen hier die oft in der Literatur anzutreffenden Bezeichnungen Φ und $\overline{\Phi}$. Das Flipflop stellt das für die Taktansteuerung erforderliche Tastverhältnis 1 : 1 her.

Auf das Flipflop könnte grundsätzlich verzichtet werden, weil der VCO 4046 bereits eine Rechteckausgangsspannung mit einem Tast-

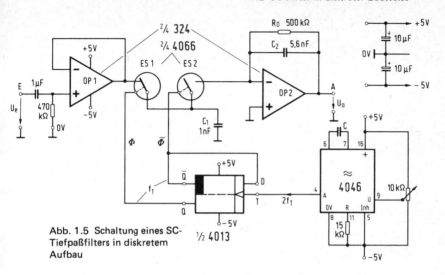

Abb. 1.5 Schaltung eines SC-Tiefpaßfilters in diskretem Aufbau

verhältnis nahe 1 : 1 liefert. Dann wäre allerdings ein Inverter zur Erzeugung der zweiten Phase des Zweiphasentaktes erforderlich. Wegen der mäßig hohen Schaltgeschwindigkeit der CMOS-Bausteine wären die Taktspannungen zusätzlich nicht exakt gegenphasig zueinander, vor allem bei hohen Taktfrequenzen.

Den Takt erzeugt ein *VCO* (*Voltage Controlled Oscillator*, spannungsgesteuerter Oszillator), der Teil des PLL-ICs 4046 ist. Die Festlegung der Schwingfrequenz erfolgt durch die Wahl des Kondensators C (47 pF), des Widerstands R (15 kΩ) und die Einstellung des Potentiometers P (10 kΩ). Die Steuerspannung dieses Potentiometers erlaubt die Frequenzvariation über einen sehr weiten Bereich in der Größenordnung von mindestens 100 : 1. Eine etwaige Bereichsumschaltung ist am einfachsten an R vorzunehmen.

Das eigentliche Tiefpaßfilter wird aus den Elementen ES 1, ES 2, C_1 (1 nF) und dem Operationsverstärker OP 2 mit seiner Beschaltung gebildet. Der Widerstand 0,5 MΩ dient der Arbeitspunkteinstellung von OP 2. Er hat auf die Funktion des Operationsverstärkers als Tiefpaß erst bei sehr niedrigen Frequenzen einen nennenswerten Einfluß.

Abb. 1.6 stellt den Frequenzgang des diskreten SC-Tiefpaßfilters im Frequenzbereich 10 Hz...10 kHz dar. Unterhalb 100 Hz ist deut-

15

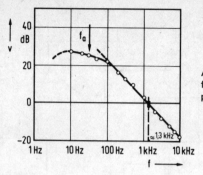

Abb. 1.6 Amplituden-
frequenzgang des Tief-
paßfilters nach Abb. 1.5

lich das Abknicken der Kurve und der Übergang in die horizontale Lage erkennbar. Hier wirkt der Tiefpaß nur noch als invertierender Verstärker mit einem Faktor von etwa 28 dB entsprechend $|v| = 25$.

Eine Kontrollrechnung soll zeigen, ob dies mit den oben abgeleiteten Beziehungen übereinstimmt. Nach (1.10) stellt die umgeschalte-te Kapazität C_1 einen Widerstand $R' = \dfrac{1}{f_T \cdot C_1}$ dar. Bei $C_1 = 1$ nF und $f_T = 50$ kHz erhält man $R' = 20$ kΩ. Für die Verstärkung des invertierenden Verstärkers ergibt sich dann: $v = - R_o / R' = - 500$ kΩ/ 20 kΩ $= - 25$.

Für die Frequenz, bei der $v = 1$ (0 dB) wird, gilt mit (1.12):

$$f_1 = \frac{f_T}{2\pi} \cdot \frac{C_1}{C_2} .$$

Nach Einsetzen der entsprechenden Werte aus Abb. 1.5 erhält man $f_1 = 1{,}4$ kHz. Aus der grafischen Darstellung Abb. 1.6 kann man etwa 1,3 kHz für f_1 ablesen.

Wird der Aufbau der Schaltung nach Abb. 1.5 nicht mit kurzen Leitungen durchgeführt, so tritt eine Netzbrummeinstreuung (50 Hz) auf, die sich deshalb besonders unangenehm auswirkt, weil die Verstärkung bei 50 Hz recht hoch ist.

16

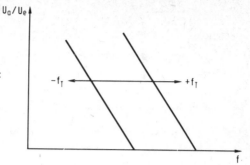

Abb. 1.7 Die Variation der Taktfrequenz bewirkt eine entsprechende Verschiebung der Filterfrequenz

Die Phasendifferenz zwischen Eingang und Ausgang beträgt frequenzunabhängig $90°$.

Zu tieferen Frequenzen als etwa 10 Hz versagt die Übertragung. Signalformen von Aus- und Eingangsspannung stimmen immer weniger überein, je weiter die Frequenz absinkt. Gleichspannungen lassen sich nicht übertragen.

Die Spannungsversorgung von $+/-$ 5 V, 0 V für die gesamte Schaltung ist zwar ungewöhnlich, bietet jedoch keine technischen Probleme.

Bezüglich der bisher beschriebenen Eigenschaften ist das SC-Filter einem herkömmlichen aktiven Filter noch recht ähnlich. Der herausragende Vorteil eines SC-Filters besteht nun darin, daß der Frequenzverlauf nach Abb. 1.6 in Richtung der Frequenzachse, also horizontal, mit dem jeweiligen Wert der Taktfrequenz verschoben werden kann. In *Abb. 1.7* ist dies in anderer Form dargestellt. Die Neigung der durch die logarithmische Darstellung entstehenden Geraden beträgt immer 6 dB/Oktave; das entspricht 20 dB/Dekade.

1.2.2 Das Hochpaßfilter

Hoch- und Tiefpaßschaltungen haben eines gemeinsam. Sie weisen, sofern sie von gleicher Ordnung sind, zueinander spiegelbildliches Verhalten auf. Die Frequenz, bei der diese Spiegelung stattfindet, ist die Grenz- oder Eckfrequenz. Entsprechend gilt dann für Hoch- und Tief-

17

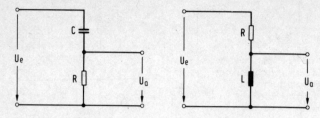

Abb. 1.8 Prinzipschaltungen passiver Hochpaßglieder

pässe, daß man die frequenzbestimmenden Bauelemente vertauschen kann. Daß hierbei zusätzlich auf korrekte Gleichspannungsversorgung bzw. Entkopplung zu achten ist, sei nur am Rande erwähnt.

Passive Hochpässe 1. Ordnung können die Schaltungsformen nach *Abb. 1.8* haben. Das Verhalten des RC-Gliedes ergibt sich daraus, daß mit steigender Frequenz der kapazitive Widerstand abnimmt und folglich die Ausgangsspannung steigt. Für das RL-Glied gilt entsprechend, daß mit steigender Frequenz der induktive Widerstand wächst und so-

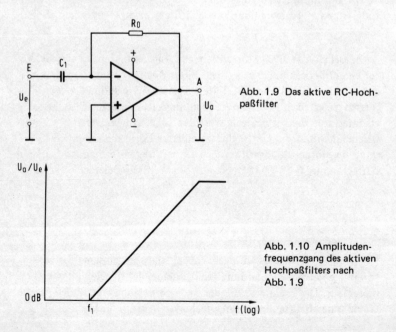

Abb. 1.9 Das aktive RC-Hoch-paßfilter

Abb. 1.10 Amplituden-frequenzgang des aktiven Hochpaßfilters nach Abb. 1.9

18

mit die Ausgangsspannung ebenfalls höher wird. RL-Glieder sind in frequenzabhängigen Schaltungen bei tiefen Frequenzen generell selten zu finden, da die Induktivitäten große Abmessungen erreichen und relativ hohe Verluste aufweisen.

Die Grundschaltung des aktiven Hochpasses zeigt *Abb. 1.9*. Man erkennt, daß die Elemente R und C gegenüber der Tiefpaßschaltung vertauscht sind. Das Übertragungsverhalten U_a/U_e in Abhängigkeit von der Frequenz enthält *Abb. 1.10* in doppelt logarithmischer Darstellung.

Für die Frequenz f_1, bei der das Verhältnis U_a/U_e gleich 1 wird, gilt:

$$f_1 = \frac{1}{2\pi \cdot C_1 \cdot R_o} \qquad (1.13).$$

Die Realisierung von SC-Hochpaßfiltern erfolgt nun z.B., indem man die geschaltete Kapazität in den Rückkopplungszweig legt, wie dies *Abb. 1.11* verdeutlicht. Der Umschalter wird wiederum — wie im Fall der SC-Tiefpaßschaltung — durch zwei gegenphasig angesteuerte Einzelschalter 1/4 4016 oder 1/4 4066 gebildet. Die zusätzliche Beschaltung mit dem RC-Glied 1 nF/1 MΩ dient der Stabilisierung der Schaltung.

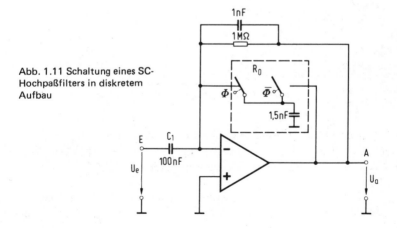

Abb. 1.11 Schaltung eines SC-Hochpaßfilters in diskretem Aufbau

19

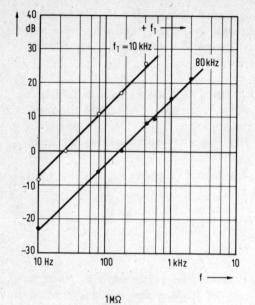

Abb. 1.12 Amplituden-
frequenzgang des SC-
Hochpaßfilters nach
Abb. 1.11

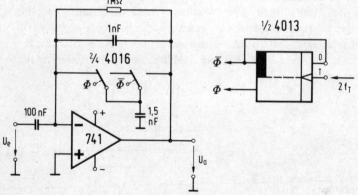

Nach (1.13) errechnet sich die Frequenz f_1, bei der $U_a = U_e$ ist, in der angegebenen Dimensionierung mit einer Taktfrequenz von 80 kHz zu 192 Hz. Der gemessene Wert beträgt 180 Hz.

In *Abb. 1.12* ist das Übertragungsverhalten für die Taktfrequenzen 80 und 10 kHz dargestellt. Auch hier läßt sich eine Neigung von

6 dB/Oktave bzw. 20 dB/Dekade ablesen. Mit steigender Taktfrequenz verschiebt sich die Gerade nach rechts.

1.2.3 Die Bandsperre

Als ein einfaches Beispiel einer Kombination aus Tief- und Hochpaß sei hier die Parallelschaltung beider angeführt. *Abb. 1.13* zeigt, daß Eingänge und Ausgänge miteinander verbunden sind.

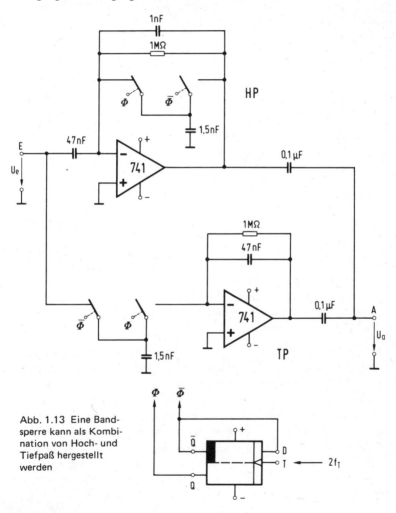

Abb. 1.13 Eine Bandsperre kann als Kombination von Hoch- und Tiefpaß hergestellt werden

21

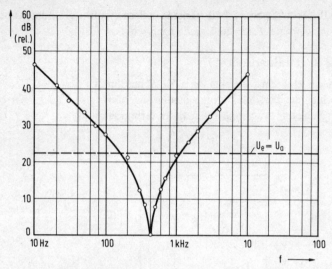

Abb. 1.14 Amplitudenfrequenzgang der Bandsperre nach Abb. 1.13

Diese Schaltung arbeitet als Bandsperre, weil

1. die Amplitudenverläufe als Funktion der Frequenz gegenläufig sind und

2. unabhängig von der Frequenz die Phasen der Ausgangssignale beider Operationsverstärker um 180° versetzt liegen. Diese Phasendifferenz rührt davon her, daß beim Tiefpaß die Ausgangsphase der Eingangsphase um 90° nachläuft, während es beim Hochpaß umgekehrt ist.

Es existiert daher eine Frequenz, bei der die gegenphasigen Ausgangsspannungsamplituden gleich groß sind und sich (fast) aufheben. Dort liegt die Bandsperrenfrequenz. Sie beträgt für die Schaltung nach Abb. 1.13 etwa 420 Hz. Die Restamplitude an dieser Stelle hängt vom Schaltungsaufbau ab und ist schwer exakt zu bestimmen. Wegen der Form des Amplitudenverlaufs *(Abb. 1.14)* wird die Bandsperre auch als *Kerb*- oder *Notch*filter bezeichnet. Die Steilheit der Flanken beträgt auch hier jeweils 6 dB/Oktave. Es wird deutlich, daß weder die Bandbreite noch die Sperrtiefe besonders gute Werte erreichen. Der entscheidende Vorteil auch dieses Filters besteht jedoch darin, die Sperrfrequenz f synchron mit der Taktfrequenz f_T einzustellen und abzustimmen.

Das Verhältnis von Takt- zu Sperrfrequenz ist auch hier konstant und beträgt

$$f_T/f = 80\ kHz/420\ Hz = 190.$$

Die Berechnung der äquivalenten Widerstände der geschalteten Kapazitäten ergibt jeweils 8,3 kΩ bei f_T = 80 kHz. Daraus folgen die f_1-Frequenzen zu 406 Hz in guter Übereinstimmung mit der Messung.

Daß sich auch zwei oder mehrere dieser Filter als Kette schalten und synchron miteinander abstimmen lassen, sei nur erwähnt. Anzumerken ist noch, daß der Nullpunkt der dB-Skala in Abb. 1.14 willkürlich auf das Minimum der Kerbe bezogen worden ist. Tatsächlich sind Ausgangs- und Eingangsspannung einander bei etwa 200 und 1000 Hz gleich.

1.2.4 Das Bandpaßfilter

Die Realisierung eines Bandpaßfilters in SC-Technik kann z.B. vorgenommen werden, indem man zwei Tiefpaßfilter mit einem Operationsverstärker kombiniert *(Universalfilter). Abb. 1.15* zeigt eine derartige Schaltung. Für die Resonanzfrequenz f gilt:

$$f = \frac{1}{2\pi}\ \sqrt{\frac{R_6}{R_5}}\ \sqrt{\frac{1}{R_1 \cdot C_3 \cdot R_2 \cdot C_4}} \qquad (1.14).$$

Setzt man in diese Gleichung die für SC-Filter grundlegenden Beziehungen $R_1 = 1/f_T\ C_1$ und $R_2 = 1/f_T\ C_2$ ein, so erhält man die Form

$$f = \frac{f_T}{2\pi}\ \cdot\ \sqrt{\frac{R_6}{R_5}}\ \cdot\sqrt{\frac{C_1 \cdot C_2}{C_3 \cdot C_4}} \qquad (1.15).$$

f ist also direkt f_T proportional. (Die einheitliche Angabe der Kapazitätswerte in nF und der Widerstände in kΩ vereinfacht die Berechnung sehr.)

23

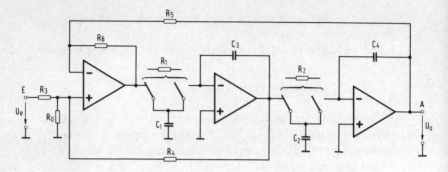

Abb. 1.15 Schaltung eines universellen aktiven Bandpaßfilters in diskreter SC-Technik

Aus (1.15) wird erkennbar, daß das Verhältnis zwischen Takt- und Bandpaßfrequenz sowohl von den Kapazitäten $C_1...C_4$, als auch von den auf den invertierenden Eingang zurückführenden Widerständen R_5 und R_6 abhängt.

Für die Werte $C_1 = C_2 = 1,5$ nF; $C_3 = C_4 = 10$ nF; $R_3 = 10$ kΩ; $R_0 = 12$ kΩ; $R_4 = 1,6$ MΩ; $R_5 = 100$ kΩ und $R_6 = 15$ kΩ wird aus (1.15) : $f = 9,25 \cdot 10^{-3} f_T$. Das Verhältnis f_T/f beträgt also 108. Das bedeutet im übrigen, daß sich das Ausgangssignal aus einer treppen-förmigen Sinusspannung zusammensetzt, die – auf eine volle Schwin-gung bezogen – 108 Stufen aufweist. Nebenbei sei bemerkt, daß die Festlegungen $C_1 = C_2$ und $C_3 = C_4$ nicht Voraussetzungen für das Funktionieren der Schaltung sind.

In *Abb. 1.16* ist der Zusammenhang zwischen Takt- und Resonanz-frequenz grafisch dargestellt. Wie in den vorangegangenen Abbildun-gen wird auch hier der doppelt logarithmische Maßstab gewählt. (Ein linearer Zusammenhang $f_T = k \cdot f$ bildet sich bekanntlich bei Verwen-dung eines doppelt logarithmischen Maßstabs ebenfalls als Gerade ab.) Die Abstimmung der Taktfrequenz von 1 bis 100 kHz variiert die Resonanzfrequenz zwischen 9,2 Hz und 920 Hz. Das Verhältnis von Ausgangs- zu Eingangsspannung ist über den gesamten Bereich relativ konstant. Je Dekade ist ein Anstieg von ca. 10 % zu beobachten. Bei einer effektiven Eingangsspannung von 15 mV liefert die Schaltung eine mittlere Ausgangsspannung von 1,5 V. Die ,,Verstärkung" beträgt also 100. Die gemessenen Gütewerte nehmen über den vollständigen

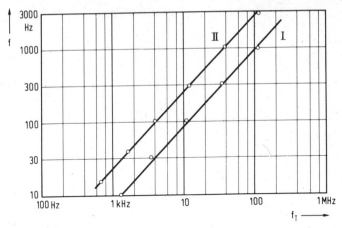

Abb. 1.16 Zusammenhang zwischen Takt- und Filterfrequenz für das SC-Band-paßfilter nach Abb. 1.15

Bereich von 18 auf 35 zu. Oberhalb ca. 140 kHz (abhängig vom Aufbau) wird die Schaltung instabil.

Eine Frequenzvariation ist — nach (1.15) — auch mit den Widerständen R_5 und R_6 zu erzielen. Vermindert man z.B. R_5 von 100 kΩ auf 10 kΩ, so verringert sich das Verhältnis f_T/f auf etwa ein Drittel. Das ergibt dann in Abb. 1.16 die Gerade II. Die Güte bewegt sich zwischen 9 und 13. (R_4 wurde zur Stabilisierung auf 300 kΩ herabgesetzt.)

Als weitere Anwendung eines diskret aufgebauten SC-Filters wird ein Telegrafiefilter realisiert, das sich im Frequenzbereich 300 Hz bis 1,5 kHz variieren läßt. Grundlage hierfür ist die Schaltung nach Abb. 1.15. Die R- und C-Werte sind in der *Tabelle 1.1* enthalten. Das Ausgangssignal wurde am Ausgang des 1. Integrators abgegriffen.

Tabelle 1.1

R0	R3	R4	R5	R6	C1	C2	C3	C4
1,0	12	100	910	100 kΩ	3,0	3,0	10	10 nF

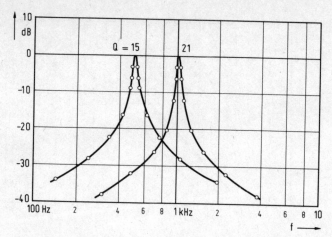

Abb. 1.17 Resonanzkurven des SC-Bandpaßfilters nach Abb. 1.15

Die Resonanzfrequenz $f = 1$ kHz wurde bei der Taktfrequenz 75 kHz gemessen; also beträgt $f_T/f = 75$. Die Eingangsspannung von effektiv 6,4 mV ergab eine Ausgangsspannung von 0,43 V. Die Verstärkung (einschließlich Resonanzüberhöhung) errechnet sich daher zu 70. Aus der Frequenzmessung der 3-dB-Punkte (Näheres s. Abschnitt 2.4) folgt eine Güte von $Q = 21$.

Die entsprechenden Daten bei der Resonanzfrequenz 500 Hz sind: $U_e = 6,4$ mV, $U_a = 290$ mV, $v = 45$ und $Q = 15$.

In *Abb. 1.17* sind die Resonanzkurven doppelt logarithmisch abgebildet. Die obere Frequenzgrenze der Schaltung liegt bei 1,5 kHz.

Wie die Güte durch R_4 variiert werden kann, zeigt folgendes Beispiel. Die Beschaltung wird entsprechend der *Tabelle 1.2* vorgenommen.

Tabelle 1.2

R0	R3	R4	R5	R6		C1	C2	C3	C4
10	12	var	1000	100 kΩ		3,0	3,0	10	10 nF

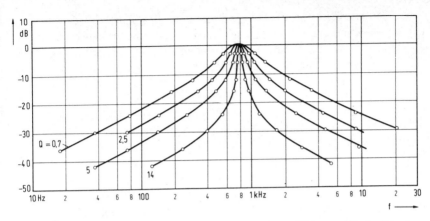

Abb. 1.18 Variationen der Filterbandbreite durch den Widerstand R_4 in der Schaltung Abb. 1.15

Die Resonanzfrequenz beträgt 800 Hz. Die Filterkurven sind *Abb. 1.18* zu entnehmen. *Tabelle 1.3* enthält die zugehörigen Werte für R_4.

Tabelle 1.3

$R_4/k\Omega$	Q	U_a/U_e
(∞)	14	500
30	5	200
10	2,5	100
4,7	0,7	45

Die maximale Ausgangsspannung vor Begrenzungseinsatz beträgt in allen Fällen 0,7 V effektiv.

Die Aufgabe dieses Kapitels über diskrete SC-Filter war vor allem zu zeigen, daß und wie SC-Filter im Selbstbau hergestellt werden können. Die Versuche und Messungen verdeutlichen jedoch, daß die Schaltungen einige Abweichungen von den theoretischen Werten aufweisen, die nicht allein durch Bauteiletoleranzen, die heran immerhin den größten Anteil haben dürften, Schaltkapazitäten usw. erklärbar sind. Immerhin könnte es für den Hobbyelektroniker interessant sein, diese sonst nur in IC-Form vorhandenen Schaltungen einmal diskret herzustellen.

27

Auf einen störenden Effekt soll hier noch eingegangen werden. In der Schaltung Abb. 1.4 und in den nachfolgenden Berechnungen wird immer davon ausgegangen, daß der bidirektionale Schalter im eingeschalteten Zustand einen vernachlässigbaren Durchgangswiderstand hat. Das ist jedoch nicht der Fall. Die Datenbücher nennen bei Betriebsspannungen von +/− 5 V einen fast lastunabhängigen Durchgangswiderstand R_{EIN} (R_{ON}) von 250 Ω für das IC 4066 und 120 Ω für das IC 4016. Man hat sich also in Verlängerung der jeweiligen Schalter entsprechend große Reihenwiderstände vorzustellen.

Nun erreicht der kapazitive Widerstand eines 3-nF-Kondensators bei f_T = 50 kHz einen Betrag von nur noch ca. 1,1 kΩ, so daß sich die Durchgangswiderstände der bidirektionalen Schalter bereits störend bemerkbar machen können. Dieser Widerstand behindert in Linkslage des Schalters (Abb. 1.5) die Aufladung der Kapazität C_1 und zwar umso mehr, je höher die Taktfrequenz f_T wird. In ähnlicher Weise wirkt der Durchgangswiderstand des rechten Schalters auf den Entladevorgang. Mit steigender Frequenz vermindert sich daher der erzielbare Spannungshub am Kondensator und nähert sich immer mehr einem Mittelwert. Dadurch verschlechtert sich der Wirkungsgrad der Schaltung.

Eine unkomplizierte Maßnahme dem entgegenzusteuern, besteht in der Parallelschaltung zweier oder mehrerer bidirektionaler Schalter. Das geschieht in einfachster Weise dadurch, daß man mehrere ICs übereinandersetzt und die Anschlüsse evtl. leicht miteinander verlötet. Die Arbeitsfrequenz läßt sich so merklich erhöhen. Wegen des sehr geringen Leistungsumsatzes in diesen ICs ergeben sich keine Wärmeableitungsprobleme.

Daß integrierte SC-Filter günstigere Eigenschaften aufweisen als Selbstbau-SC-Filter muß kaum noch erwähnt werden. Sie kommen mit einer geringeren Zahl zusätzlicher Komponenten aus, bieten höhere Zuverlässigkeit und Sicherheit gegen Störbeeinflussung und lassen sich über weitere Frequenzbereiche einsetzen.

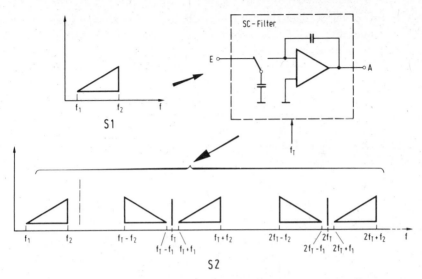

Abb. 1.19 Das Eingangsspektrum S1 eines Sprachsignals wird durch den Abtastprozeß im Schalterfilter in ein periodisches Spektrum S2 umgewandelt, vergleichbar einer Modulation der Taktfrequenz f_T und ihrer Oberwellen mit S1

1.3 Das Problem der Faltung

In den vorangegangenen Abschnitten wurde deutlich, daß das SC-Filter im Vergleich zu herkömmlichen passiven oder aktiven Filtern die zwei wesentlichen Vorzüge der recht präzisen Abstimmbarkeit durch eine externe Taktfrequenz und der Fähigkeit zur Integration aufweist. Diesen steht jedoch ein Nachteil gegenüber, der ganz generell mit der Umschaltung zusammenhängt und bei allen Schalterfiltern anzutreffen ist. Man bezeichnet diese Eigenschaft als Faltung oder mit dem weniger exakten amerikanischen Begriff als *aliasing*.

Die Ursache für dieses Verhalten ist, daß mit der Umschaltung der Kapazität(en) ein Modulationsvorgang im nachrichtentechnischen Sinn bzw. *Abtastvorgang (sampling)* im meßtechnischen Sinn verbunden ist.

Abb. 1.19 soll dies an einem einfachen SC-Filter (irgendeines Typs) verdeutlichen. An den Eingang E des Filters gelangt ein (Ton-)Frequenzgemisch, dargestellt durch das Spektrum S1, das sich aus einem frequenzbegrenzten Sprachband, symbolisiert durch das von f_1 nach f_2 ansteigende Dreieck zusammensetzt. (Das nach rechts ansteigende Dreieck zeigt an, daß die Tonfrequenzen mit der Frequenzachse höher werden, was zunächst trivial erscheinen mag.)

Der Modulations- oder Abtastprozeß im Filter geht mit der Taktfrequenz f_T vor sich. Als Folge davon entsteht ein Spektrum S2, das außer dem Spektrum S1 und der Taktfrequenz f_T auch noch Mischprodukte dieser Frequenzen enthält. Diese Mischproduktfrequenzen setzen sich zusammen aus:

1. den Summen und Differenzen von S1 und f_T und
2. den Summen und Differenzen der Oberwellen von f_T kombiniert mit S1.

Dabei nehmen die Amplituden nach höheren Frequenzen hin ab. So ist aus Abb. 1.19 erkennbar, daß um die Oberwellen der Taktfrequenz f_T Frequenzbänder entstehen, die sich durch

$$n \cdot f_T + f_1 \dots n \cdot f_T + f_2$$

sowie

$$n \cdot f_T - f_1 \dots n \cdot f_T - f_2 \tag{1.18}$$

beschreiben lassen. Die Signale des ersten Ausdrucks bezeichnet man als obere Seitenbänder, die des zweiten als untere Seitenbänder. Da die Tonfrequenzen der oberen Seitenbänder mit der absoluten Frequenz ansteigen, bezeichnet man sie in der Nachrichtentechnik auch als *Regellage* der Übertragung, die anderen als *Kehrlage*.

Diese Eigenschaft, Mischfrequenzen zu bilden, existiert unabhängig von der Filtercharakteristik des eigentlichen Nutzbereichs. So nimmt der betreffende, in Abb. 1.19 dargestellte SC-Tiefpaß durchaus eine Filterung vor, durch die das Eingangssignal so beschnitten wird, daß im Ausgangssignal unmittelbar oberhalb f_2 keine Tonfrequenz mehr auftritt (Strichlinie). Dennoch sind im Ausgangsspektrum die Frequenzen $n \cdot f_T$ und die erwähnten Seitenbänder vorhanden.

In einer Schaltung nach Abb. 1.19 entstehen nun für Nf-Anwendungen keine Beeinträchtigungen, solange die oberhalb der Strichlinie

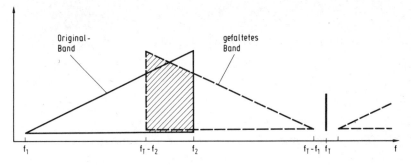

Abb. 1.20 Bei niedriger Taktfrequenz ($f_T < 2\,f$) wird das untere Seitenband des ersten Modulationssignals in den Nutzfrequenzbereich hineingefaltet (Faltung, aliasing)

auftretenden Spektrumanteile nicht hörbar sind. (In meßtechnischen Anwendungen kann das anders sein.) Es muß also sichergestellt werden, daß die niedrigsten, bei der Modulation auftretenden Frequenzen für Phonoanwendungen oberhalb 20 kHz und z.B. bei Telefonübertragungen oberhalb 4 kHz bleiben. Das bedingt im ersten Fall eine Taktfrequenz f_T von mehr als 40 kHz, im zweiten von über 8 kHz.

In *Abb. 1.20* ist dargestellt was geschieht, wenn diese Voraussetzung nicht erfüllt ist. Man stelle sich vor, daß in Abb. 1.19 die Taktfrequenz f_T zu tieferen Werten, also nach links verschoben wird. Die höheren Tonfrequenzen des 1. Modulationssignals (n = 1) treten invertiert im Nutzfrequenzband auf. Das Band $f_T - f_1$ bis $f_T - f_2$ ist dabei *herumgefaltet* (herumgeklappt). Daher rührt der Begriff *Faltung*. Obwohl diese invertierten Tonfrequenzen selbst nicht verständlich sind, auch wenn es sich um Sprache oder Musik handelt, stören sie doch die Wiedergabe des Originalbandes f_1 bis f_2.

Daraus resultiert als Konsequenz die Notwendigkeit zur Frequenzbeschneidung des Originalbandes. Wenn die Taktfrequenz f_T festliegt, muß dieses Spektrum bei $f_T/2$ abgeschnitten werden. Da dies nicht immer möglich ist oder einen nicht vertretbaren zusätzlichen Aufwand erfordert, empfiehlt es sich, jeweils Schaltungen einzusetzen, bei denen die Taktfrequenz von Haus aus sehr viel höher als die maximale Nutzfrequenz liegt. Das entspricht dann einem hohen f_T/f-

31

Verhältnis. In integrierten SC-Filtern ist diese Bedingung gewöhnlich erfüllt.

Soviel zur Betrachtung des Faltungseffektes in der *Frequenzdarstellung*. Zur Verdeutlichung der Zusammenhänge in der *Zeitdarstellung* sei daran erinnert, daß in Schalterfiltern Abtastvorgänge auftreten. Die Abtastfrequenz ist f_T, die Abtastperiode $T_T = 1/f_T$ Bei der Wiedergabe des Ausgangsspektrums nach Abb. 1.19 war $f_T > f$, d.h. die maximale Tonfrequenz f_2, aufgezeichnet in *Abb. 1.21a* wird je Schwingung mehrfach abgetastet (hier ist $f_T \approx 4 \cdot f$). In *Abb. 1.21b* hingegen, die in etwa der Frequenzdarstellung Abb. 1.20 entspricht, werden weniger als 2 Abtastungen/Schwingung vorgenommen. Im amerikanischen Sprachgebrauch bezeichnet man beide Fälle als *normal sampling* bzw. *under sampling*.

An dieser Stelle sollen kurz zwei Begriffe erwähnt werden, die mehr zum theoretischen Hintergrund des gesamten Gebiets der Schal-

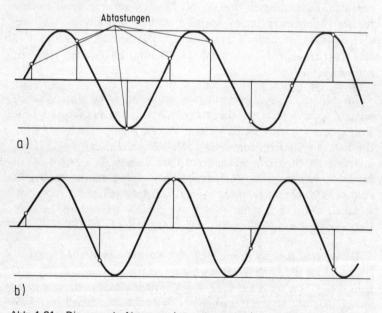

Abtastungen

a)

b)

Abb. 1.21a Die normale Abtastung (normal sampling) eines Signals liegt vor, wenn die Tastfrequenz wenigstens das Doppelte der maximalen Signalfrequenz beträgt
b) Unzureichende Abtastung des Signals (under sampling)

terfilter gehören. Das *Abtasttheorem* von *C.E. Shannon* besagt, daß man ein Signal, z.B. ein Sprachband, nicht während der gesamten Zeit, während der es vorliegt, übertragen muß, sondern daß es genügt, von jeder Schwingung *zwei* (beliebig kurze) Amplitudenproben zu entnehmen und zu übertragen. Durch eine Tiefpaßschaltung auf der Empfängerseite kann dann das Originalsignal vollständig rekonstruiert werden. Der Vorteil eines derartigen Verfahrens liegt auf der Hand: In der übrigen Zeit lassen sich auf demselben Nachrichtenkanal andere Informationen übertragen (Zeitmultiplex-Übertragung, z.B. angewendet auf PCM-Signale).

Das *Nyquist-Kriterium (H. Nyquist)* legt fest, daß für eine störungsfreie Übertragung die Frequenz, mit der das Signal abgetastet wird, mindestens das doppelte der maximalen Signalfrequenz betragen muß. Das war im wesentlichen auch der Inhalt des voranstehenden Abschnitts.

Es sei noch darauf hingewiesen, daß das *Shannon'sche Abtasttheorem* und das *Nyquist-Kriterium* ursächlich nichts miteinander zu tun haben /A2/. In der Fachliteratur wird dies oft nicht mit der nötigen Klarheit herausgestellt.

Im nachrichtentechnischen Sinn ist die Faltung nun nichts anderes als ein „Herabmischen" höherer Spektralanteile des Eingangssignals in tiefere Frequenzbereiche. Ein SC-Tiefpaß spricht daher auch auf Signale an, die – entsprechend Abb. 1.19 – in den Frequenzbereichen oberhalb der Grenzfrequenz liegen.

Unter Verwendung des Bandpasses nach Abb. 1.15 ergibt sich für dieses Filter der in *Abb. 1.22a* wiedergegebene Durchlaßbereich. Die Beschaltung des Filters wurde gemäß *Tab. 1.4* modifiziert.

Tabelle 1.4

R0	R3	R4	R5	R6	C1	C2	C3	C4	f
10	100	100	12	26 kΩ	3,0	3,0	10	10 nF	20 kHz

Die Darstellung Abb. 1.22a umfaßt das Übertragungsverhalten im Grundbereich und *Abb. 1.22b* die sich aus der Faltung ergebenden Differenzfrequenzen mit f_T und $2 \cdot f_T$.

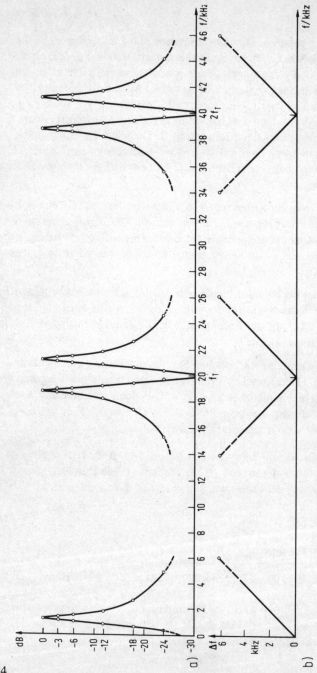

Abb. 1.22a Diese Durchlaßbereiche weist ein Bandpaßfilter mit geschalteten Kapazitäten mit einer Resonanzfrequenz von ca. 1,2 kHz und einer Taktfrequenz von 20 kHz auf
b) Das Ausgangssignal tritt dabei immer als Differenzfrequenz zu $n \cdot f_T$ in Erscheinung

Man erkennt, daß zunächst ein Nf-Band durchgelassen wird, dessen 20-dB-Grenzen bei 0,5 und 3,3 kHz liegen. Die Darstellung weist den für Einzelkreis-Bandpaßfilter typischen, nach tiefen Frequenzen steiler als nach hohen Frequenzen ausklingenden Durchlaßbereich auf, der allerdings nur bei Verwendung einer linearen Frequenzachse so deutlich zutage tritt.

Bemerkenswert ist nun, daß die Durchlaßcharakteristik im Abstand von f_T, $2 \cdot f_T$ usw. wiederkehrt und daß sie zusätzlich spiegelbildlich zu f_T, $2 \cdot f_T$ usw. erscheint.

Würde es sich nicht um einen Bandpaß, sondern einen Tiefpaß handeln, so wäre die Dämpfung bei f_T, $2 \cdot f_T$ usw. nicht vorhanden, die beiden Teildurchlaßbereiche würden ineinander übergehen. In diesem Fall hätte man es mit einer echten *Kammstruktur (Kammfilter)* zu tun.

In der Abb. 1.22 sind oberhalb $2 f_T$ keine weiteren Durchlaßbereiche dargestellt. Tatsächlich reichen diese jedoch bis zu höheren Frequenzen, meist bis in den MHz-Bereich.

Während Abb. 1.22a das Amplitudenverhalten in Abhängigkeit von der Frequenz wiedergibt, weist Abb. 1.22b daraufhin, daß es sich nicht um das Originalsignal, sondern um das mit f abgemischte handelt. Die y-Achse ist deshalb mit f bezeichnet.

Tritt ein Signal auf der Taktfrequenz 20 kHz an den Eingang, so ist die Ausgangsfrequenz 0. Das gleiche gilt für $2 \cdot f_T$ (40 kHz) usw. Die Ausgangsamplitude wird zudem sehr gering.

Beiderseits von f_T, $2 \cdot f_T$ usw. steigt die Differenzfrequenz an. Im Maximum des Durchlaßbereiches ist sie immer gleich der des Maximums vom Grundbereich.

Diese Mehrdeutigkeit, die beim Einsatz von Schalterfiltern als Empfangsfilter entsteht, kann durch zusätzliche passive oder aktive, z.B. auch LC-Filter so eingeengt werden, daß nur der gewünschte Faltungsbereich wirksam wird. An dieser Stelle ist es wichtig darauf hinzuweisen, daß die Güten der höheren Durchlaßbereiche zunehmend größer werden, weil die absoluten Bandbreiten der Durchlaßbereiche gleich bleiben. So lassen sich äußerst schmalbandige Filter bis in die MHz-Region realisieren.

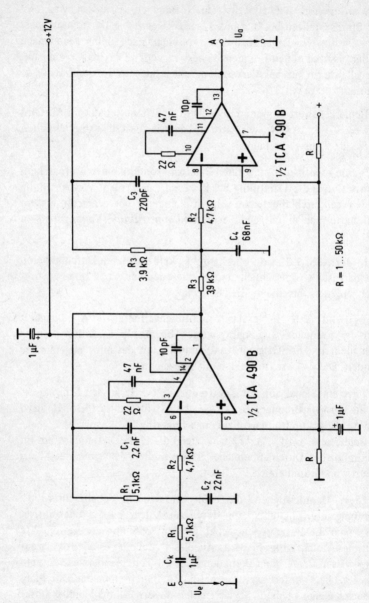

Abb. 1.23 Rauch-Tiefpaßfilter 4. Ordnung nach /B3/ mit mäßiger Welligkeit im Durchlaßbereich für eine Grenzfrequenz von ca. 10 kHz als Anti-aliasing-Filter

Zusätzlich muß durch ein vorgeschaltetes (LC-)Filter für die Ausblendung (Unterdrückung) der unerwünschten Durchlaßbereiche gesorgt werden.

Im Fall der Darstellung Abb. 1.22 wurde die Güte mit 4,3 absichtlich niedrig gewählt, um eine grafische Wiedergabe zu ermöglichen.

Ein aktives *Anti-Aliasing*-Tiefpaßfilter, das bei einer Grenzfrequenz von ca. 10 kHz arbeitet und damit in den meisten Fällen Alias-Kombinationen wirksam verhindert, zeigt als Schaltung *Abb. 1.23*. Es handelt sich um einen Rauch-Tiefpaß 4. Ordnung. Er wurde [B3] entnommen. Die Widerstände R1...R3 und die Kondensatoren C1...C4 sollen geringe Toleranzen von einigen Prozent aufweisen. Die mit R bezeichneten Widerstände sind im Wert unkritisch. *Abb. 1.24* ist die Platinenvorlage, *Abb. 1.25* die Bestückungszeichnung des Filters.

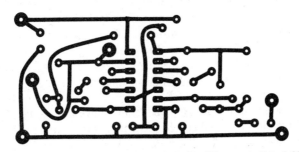

Abb. 1.24 Platinenvorlage für das Anti-aliasing-Filter nach Abb. 1.23

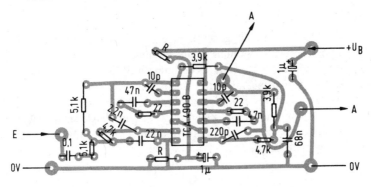

Abb. 1.25 Bestückungszeichnung für das Anti-aliasing-Filter nach Abb. 1.23

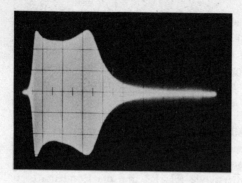

Abb. 1.26 Gewobbelter Amplitudenfrequenzgang des Anti-aliasing-Tiefpaßfilters nach Abb. 1.23

Die Welligkeit im Durchlaßbereich beträgt etwa +/− 1,5 dB, die 3-dB-Grenzfrequenz liegt bei 10,5 kHz. Die Dämpfung bei 21 kHz erreicht 40 dB.

In *Abb. 1.26* ist der Amplitudenfrequenzgang im Bereich 0...20 kHz dargestellt, der mit dem im Abschnitt 2.12 beschriebenen Wobbelgenerator aufgenommen wurde. Beide Achsen sind linear geteilt. Die Dämpfung bei sehr tiefen Frequenzen ergibt sich aus der Kondensatorkopplung. Die Stromaufnahme der Schaltung beträgt übrigens nur ca. 4 mA bei 12 V Betriebsspannung.

Es sei an dieser Stelle noch darauf hingewiesen, daß sich Faltungsprobleme sehr erheblich verringern lassen, wenn die beteiligten Taktfrequenzen in einem festen Verhältnis zueinander stehen. Dies — durch PLL bzw. Frequenzteiler realisiert — ist im Abschnitt 2.7 näher beschrieben.

Aliassignale haben übrigens einen eigenen Klang. Wenn man sie einmal bewußt wahrgenommen hat, erkennt man sie immer wieder. Sie treten vor allem bei stark akzentuierten Sprach- und Musiksignalen (Silben, Tönen) auf und erscheinen, wie auch Abb. 1.20 verdeutlicht, in der Tonhöhe invertiert. Als Ganzes kann man sie am ehesten mit einem metallisch klingenden Zirpen vergleichen. Zudem sind Aliassignale, die durch Umkehrung des Tonfrequenzbandes entstehen, unverständlich.

1.4 Das SC-Filter MF 10 — Eigenschaften und Grundschaltungen

Das IC MF 10 von National Semiconductor dürfte der zur Zeit interessanteste Vertreter der SC-Filter für allgemeine Anwendungen sein. Es wird hier daher ausführlich vorgestellt und beschrieben. Anwendungen werden anhand einer Reihe von Beispielen gezeigt.

1.4.1 Die wichtigsten Daten

1.4.1.1 Anschlüsse und Spannungen

Dieses IC enthält auf einem 20poligen Chip zwei gleiche Filter, die sich zu allen 5 Filtertypen (Tiefpaß, Hochpaß, Bandsperre, Bandpaß und Allpaß) schalten lassen. Zur Einstellung von Frequenz, Güte und Verstärkung werden einige externe Widerstände benutzt. Die Frequenzabstimmung erfolgt allerdings in erster Linie durch die Taktfrequenz.

Abb. 1.27 zeigt das Blockschaltbild des ICs. Man erkennt oben und unten die gleichen Schaltungsteile mit den Bezeichnungen A und B sowie in der Mitte die gemeinsame Steuerlogik.

Jeder Filterzug besteht aus einem Eingangsverstärker, einem Summierer mit zwei invertierenden und einem nichtinvertierenden Eingang. An den Summierer schließen sich zwei Integratoren in SC-Technik an.

Im folgenden wird zunächst eine kurze Übersicht der IC-Anschlüsse und ihrer Funktionen gegeben.

TP, BP, BS, HP, AP

Diese Anschlüsse sind die Ausgänge der jeweils geschalteten Filterfunktionen, z.T. unter Verwendung externer, aktiver Komponenten. Daher geben diese Bezeichnungen z.T. nur die zu verwendenden Ausgänge an. Es bedeuten: TP = Tiefpaß, BP = Bandpaß, BS = Bandsperre, AP = Allpaß, HP = Hochpaß. Jedes Filter ist von 2. Ordnung. Da das IC MF 10 über zwei gleiche Filter verfügt, läßt sich mit einem IC ein Filter 4. Ordnung realisieren.

39

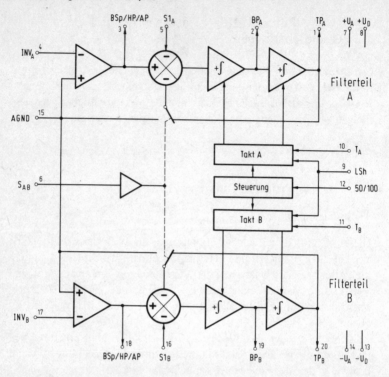

Abb. 1.27 Das Blockschaltbild des SC-Filters MF 10 zeigt die beiden symmetrischen Filterzüge und den Logikteil

INV

INV ist der invertierende Eingang des ersten Summierers bzw. Verstärkers jedes Filters, in den meisten Fällen auch zugleich der Filtereingang.

S1

S1 ist ein Signaleingang zu der zweiten Summier/Differenzschaltung. Dieser Eingang findet vor allem Anwendung bei Allpaß-Funktionen und sollte mit einem Quellwiderstand von weniger als 1 kΩ betrieben werden.

S

Dieser Eingang ist ein Steuereingang. Er aktiviert einen integrierten elektronischen Schalter, der den invertierenden Eingang des zweiten Summierers intern wahlweise mit Analog-Masse oder mit dem Tiefpaß-Ausgang verbindet. Diese Schaltfunktion ist beiden Filtern desselben ICs gemeinsam.

U_{A+}, U_{A-}, U_{D+}, U_{D-}

Dies sind die Versorgungsanschlüsse der Analog- und Digital-Funktionen des ICs. Gleichnamige Anschlüsse sind intern miteinander verbunden. Normalerweise können sie auch extern gemeinsam gespeist und durch Blockkondensatoren abgeblockt werden. Die Gesamtversorgungsspannung beträgt nominal 10 V. Dabei ist entweder der Betrieb an einer einzelnen Versorgungsspannung 0 V / +10 V oder an einer dualen Quelle +/– 5 V / 0 V möglich. Die niedrigste sichere Betriebsspannung beträgt 8 V, der maximal zulässige Wert beträgt +/– 7 V. Die typische Stromaufnahme liegt bei 8 mA.

AGND

AGND ist der Analog-Masse-Eingang. Auf ihn sind alle Analog-Signale zu beziehen. Er ist bei der Spannungsversorgung aus einer dualen Quelle auf 0 V, bzw. bei einer einzelnen 10-V-Betriebsspannung auf +5 V festzulegen, z.B. durch einen Spannungsteiler.

LSh

Der Level Shift-Eingang LSh paßt das Filter-IC an die Art des Taktsignals an. Bei dualer Versorgung kann das IC mit CMOS-Pegel (+/– 5 V) angesteuert werden. Der LSh-Eingang sollte dann mit Masse oder –5 V verbunden werden. Ebenfalls bei dualer Versorgung und TTL-Taktpegeln ist der LSh-Eingang mit Masse zu verbinden. Bei 0 V/+10 V-Versorgung bilden die Anschlüsse U_{A-}, U_{D-} das Massepotential, der AGND-Eingang ist auf +5 V zu legen und der LSh-Eingang ist mit Masse zu verbinden. In diesem Fall ist die Ansteuerung sowohl mit CMOS- als auch mit TTL-Pegel möglich.

41

T_A, T_B

T_A und T_B sind die Takteingänge beider Filterteile. Sie müssen jeweils dieselbe Pegelart aufweisen (wegen der gemeinsamen Festlegung durch LSh). Das Tastverhältnis sollte 50 % betragen, vor allem, wenn die Taktfrequenzen 200 kHz übersteigen.

Die garantierte höchste Betriebsfrequenz des ICs von 20 kHz ergibt sich aus den Eigenschaften des Digital- und des Analogteils. Da die maximale Taktfrequenz bei 1,5 MHz liegt, können 20 kHz nur in der Betriebsart 50:1 erreicht werden. (Die von vielen Exemplaren des ICs MF 10 praktisch erzielbare obere Frequenzgrenze beträgt ca. 30 kHz.)

50:1, 100:1

Im IC werden Kapazitäten umgeschaltet und Ladungen „weitergereicht". Die Struktur des IC MF 10 ist durch die Festlegung der Kapazitäten C_1 und C_2 so gestaltet, daß — je nach Wahl — entweder 50 oder 100 Taktperioden vergehen, bis eine vollständige Signalschwingung übertragen worden ist. Das bedeutet, daß das Verhältnis zwischen Taktfrequenz f_T und Resonanz- bzw. Eckfrequenz f entweder 50 oder 100 ist. Die exakte Festlegung dieser Werte erlaubt in der Praxis oft recht elegante schaltungstechnische Lösungen. Die Auswahl erfolgt durch Festlegung des Pegels an diesem Eingang, 50:1 mit hohem Potential (U_{D+}), 100:1 mit mittlerem Potential (AGND). Beim Anlegen an niedriges Potential (U_{D-}) wird die Funktion des gesamten ICs unterbrochen und die Stromaufnahme auf ca. 2,5 mA herabgesetzt (stand by, power down).

Wegen des sehr großen Frequenzabstands zwischen der Signalfrequenz f und der Taktfrequenz f_T bringt die Faltung im allgemeinen keine Schwierigkeiten mit sich.

Das tatsächliche Verhältnis der beiden Kapazitäten kann geringfügig von 50 bzw. 100 abweichen. Das hängt mit der Herstellungstoleranz zusammen. So sind Abweichungen bis 0,2 % sowie zusätzliche temperaturbedingte Abhängigkeiten von + − 10 ppm/°C in der Betriebsart 50:1 und + − 100 ppm/°C in der Betriebsart 100:1 möglich *(ppm = part per million = 10^{-6})*.

1.4.1.2 Weitere wichtige Eigenschaften des MF 10

Der Spannungshub der Ausgänge kann bis auf maximal 1 V an die Versorgungsspannungen U_{A+}, U_{A-} heranreichen.

Der Gütewert Q ist nicht völlig unabhängig von der Frequenz einstellbar. Es existiert ein (maximaler) Wert $f \cdot Q$, das Frequenz-Güte-Produkt, angegeben in kHz. Liegt die Resonanzfrequenz über 5 kHz, so ist $f \cdot Q < 300$ kHz. Q kann dabei höchstens 150 betragen. Bis 20 kHz ist $f \cdot Q < 200$ kHz, d.h. ein Bandpaßfilter von 10 kHz Resonanzfrequenz erreicht noch einen Q-Wert von 20. Die Toleranz der Güte beträgt typisch 2 % bei einem Temperaturkoeffizienten im Bereich zwischen + und − 500 ppm/°C.

Es sei noch darauf hingewiesen, daß das Frequenzverhältnis f_T/f in einem geringen Maß auch von Q abhängt. Die Differenzen liegen jedoch unter 1 % und treten bei geringen Güten am stärksten in Erscheinung. Falls sich dadurch bedingte Abweichungen bemerkbar machen, lassen sie sich durch eine entsprechende Schaltungsauslegung immer kompensieren.

1.4.2 Die Filtergrundschaltungen des MF 10

Nachstehend werden die Filtergrundschaltungen des MF 10 vorgestellt. Die Wiedergabe der verschiedenen mathematischen Beziehungen soll vor allem die Entwicklung von Schaltungen unterstützen. Zur Beschreibung des Übertragungsverhältnisses ist es dabei erforderlich, die Größe H einzuführen. Kurz und vereinfacht gesagt ist H das Verhältnis von U_a zu U_e, wobei gleichphasige Ein- und Ausgangssignale durch ein positives Vorzeichen, gegenphasige durch ein negatives dargestellt werden. Da H ein komplexer Operator ist, wird er in dieser vereinfachten Form nur für eindeutige Bereiche, wie etwa den Durchlaßbereich eines Bandpaßfilters usw. angegeben.

1.4.2.1 Grundschaltung 1 (TP, BP, BS)

Abb. 1.28 zeigt die Schaltung. Sie kommt mit nur 2 externen Widerständen, R_2 und R_3 aus. Die wichtigsten Eigenschaften dieser Filterkonfiguration sind:

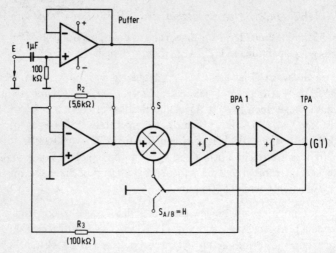

Abb. 1.28 Grundschaltung 1 des MF 10 für TP-, BP- und BS-Anwendungen

Resonanzfrequenz $f = f_T/100$ oder $f_T/50$.
Die Güte Q errechnet sich aus dem Verhältnis der beiden Widerstände nach $Q = R_3/R_2$. Für die in Abb. 1.25 angegebene Dimensionierung gilt also $Q = 18$.

Das Eingangssignal wird direkt an S1 gegeben. Da dieser Eingang eine niederohmige Quelle benötigt, empfiehlt es sich oft, einen Operationsverstärker vorzuschalten.

Mit dieser Grundschaltung sind die Filtertypen Tiefpaß, Bandpaß und Bandsperre realisierbar. Beim Tiefpaß ergibt sich im Übertragungsbereich das Übertragungsverhalten $H = U_a/U_e = -1$, d.h. Ein- und Ausgangsspannung sind gleichstark, aber gegenphasig. Für den Übergang $f = f_g$ tritt eine Phasenverschiebung $\Delta\varphi$ von 90° auf und für $f > f_g$ strebt $\Delta\varphi$ auf 0 zu.

Im Übergangsbereich vom Durchlaß- zum Sperrbereich tritt eine Resonanzüberhöhung auf, wenn $Q > 0{,}71$ ist. Bei hohen Q-Werten ist daher das Signal am Tiefpaßausgang nicht leicht von dem des Bandpaßausgangs zu unterscheiden.

Für die Anwendung als Bandpaß gibt es in der Grundschaltung 1 zwei Varianten. Der eigentliche Bandpaßausgang liefert ein in der

Höhe von Q abhängiges, in der Phase gegenüber dem Eingang um $180°$ gedrehtes Signal. Daher gilt:

$$H_{BP1} = -Q.$$

Der Anschluß 3 (18) arbeitet hier als zweiter Bandpaßausgang. Da er ein Signal abgibt, das immer in Gegenphase zu BPA 1 und damit gleichphasig zum Eingang liegt, heißt er nichtinvertierender Bandpaßausgang. Die Amplitude an diesem Ausgang ist vom Verhältnis R_3/R_2 unabhängig, die Güte beträgt konstant 1. Daher wird:

$$H_{BP2} = 1.$$

Für $Q\,(= R_3/R_2) = 1$ werden folglich beide Resonanzkurven gleich.

Hier ist also die Möglichkeit gegeben, mit einem einzelnen Filterzug einen Bandpaß der Güte 1 und einen zusätzlichen mit variabler Güte aufzubauen.

Da das Übertragungsverhalten des BPA 1 mit $H_{BP1} = -Q$ beschrieben ist, steigt die Resonanzüberhöhung Q-proportional an und steuert den 1. Integrator leicht in die Sättigung (Begrenzung).

1.4.2.2 Grundschaltung 2 (TP, BP, BS)

Abb. 1.29 zeigt die Grundschaltung 2. Sie ist die Standardschaltung für viele Anwendungen. Das Eingangssignal gelangt jetzt über R_1 an

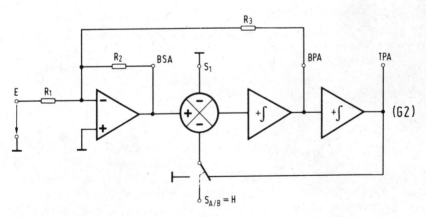

Abb. 1.29 Grundschaltung 2 des MF 10 für TP-, BP- und BS-Anwendungen

den invertierenden Eingang des integrierten Operationsverstärkers, während S1 an Masse (AGND) liegt. Diese Variante gestattet die Realisierung von Tiefpaß, Bandpaß und Bandsperre. Auch hier gilt:

$f = f_T/100$ oder $f_T/50$; ferner, daß die Frequenzen von Bandpaß und Bandsperre gleich sind. Die Güte Q errechnet sich ebenfalls zu R3/R2.

Für das Übertragungsverhalten gilt:
Tiefpaßausgang: $H_{TP} = - R_2/R_1$, im Durchlaßbereich des Tiefpaß sind also U_a und U_e bei tiefen Frequenzen gegenphasig. Beim Bandpaß ist $H_{BP} = - R_3/R_1$. Das bedeutet auch: $H_{BP} = H_{TP} \cdot Q$.

Eine neue Funktion ist die der Bandsperre. Die Phasendrehung ist immer 180°, die Kerbtiefe und die Flankensteilheit ergeben sich aus der Güte.

Die Kombination von Bandpaß und Bandsperre, die zugleich immer auf derselben Frequenz liegen, erlauben es z.B., in einem Sprachband einen Signalton zu übertragen, ihn durch den Bandpaß zur weiteren Auswertung herauszufiltern und ihn zugleich am Bandsperrenausgang — das ist dann der Sprachbandausgang — zu unterdrücken. Voraussetzung ist dabei, daß der Signalton immer auf derselben Frequenz übertragen wird oder beide aneinander angepaßt werden.

1.4.2.3 Grundschaltung 3 (TP, BP, BS)

Diese Grundschaltung verwendet einen zusätzlichen Widerstand (R_4), der — vom Tiefpaßausgang zum invertierenden Eingang geschaltet — die Variation der Resonanzfrequenz unabhängig von der Taktfrequenz erlaubt. *Abb. 1.30* ist das Schaltbild. Für die Resonanz- bzw. Eckfrequenz gilt hier:

$$f = \frac{f_T}{100} \sqrt{1 + \frac{R_2}{R_4}} \quad \text{bzw.} \quad \frac{f_T}{50} \sqrt{1 + \frac{R_2}{R_4}}$$

Der Wurzelausdruck ist immer gleich oder größer als 1, daher liegen die Bandpaß- und die Tiefpaßfrequenz immer oberhalb oder gerade auf denen der Grundschaltungen 1 und 2. Läßt man R_4 wegfallen, so erhält man wieder Schaltung und Gleichungen von Grundschaltung 2.

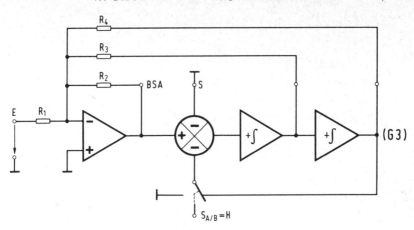

Abb. 1.30 Grundschaltung 3 des MF 10 für TP-, BP- und BS-Anwendungen

(Grundschaltung 2 ist also ein Spezialfall der allgemeineren Grundschaltung 3.)

Die Bandsperrenfrequenz wird hingegen von R_4 nicht beeinflußt. Hier gilt die alte Beziehung. Auch bei der Berechnung der Güte ist in Grundschaltung 3 der Wurzelfaktor zu berücksichtigen:

$$Q = \sqrt{1 + \frac{R_2}{R_4}} \cdot \frac{R_3}{R_2}$$

Die Übertragungsfaktoren sind:

für den Tiefpaß:

$$H_{TP} = -\frac{R_2 / R_1}{1 + R_2 / R_4}$$

für den Bandpaß:

$$H_{BP} = -R_3 / R_1$$

47

für die Bandsperre unterhalb der Bandsperrenfrequenz:

$$H_{BS1} \ (f \to 0) = - \ \frac{R_2/R_1}{1 + R_2/R_4} \quad \text{und}$$

oberhalb der Bandsperrenfrequenz:

$$H_{BS2} \ (f \to f_T/2) = - \ R_2/R_1 \ .$$

(Die Begrenzung von f auf maximal $f_T/2$ ist erforderlich, um eine eindeutige Aussage unabhängig von etwaigen Interferenzen durch die Faltung zu ermöglichen.)

Weiterhin gilt die interessante Beziehung:

$$H_{BP} = Q \ \sqrt{H_{TP} \cdot H_{BS2}} = Q \ \sqrt{H_{BS1} \cdot H_{BS2}} \ ,$$

wie das Einsetzen der oben genannten Ausdrücke zeigt.

Grundschaltung 3 bietet also die Möglichkeit, mit *einem* Filterzug gleichzeitig einen Bandpaß und eine Bandsperre aufzubauen. Dabei liegt die Bandsperrenfrequenz durch f_T fest, während die Bandpaßfrequenz zusätzlich mit R_4 (zu höheren Werten hin) variiert werden kann.

Wegen der Neigung zur Übersteuerung ist diese Schaltung unter Umständen nicht sehr wirksam. Günstiger kann es daher sein, sie so anzuwenden, daß eine Hälfte des ICs als Bandpaß, die andere als Bandsperre arbeitet. Eine derartige Filterschaltung ist im Abschnitt 2 angegeben.

1.4.2.4 Grundschaltung 4 (TP, HP, BP)

Der wesentliche Unterschied zur Grundschaltung 3 besteht darin, daß der integrierte Schalter durch den Eingang $S_{A/B} = U_{D-}$ in die linke Stellung gelegt wird und damit der direkte Rückkopplungsweg

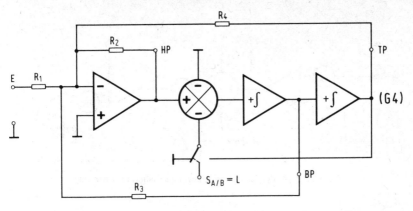

Abb. 1.31 Grundschaltung 4 des MF 10 für TP-, HP- und BP-Anwendungen

zum Tiefpaßausgang entfällt *(Abb. 1.31)*. Für die Frequenzbeziehungen dieses Filters gilt:

$$f = \frac{f_T}{100} \sqrt{\frac{R_2}{R_4}} \qquad \text{bzw.} \qquad \frac{f_T}{50} \sqrt{\frac{R_2}{R_4}} \; .$$

Man erkennt, daß nun mit dem Wurzelausdruck die Frequenz f sowohl kleiner als auch größer und für den Grenzfall $R_2 = R_4$ auch gleich $f_T/100$ (oder $f_T/50$) werden kann.

Für die Güte erhält man:

$$Q = \sqrt{\frac{R_2}{R_4}} \cdot \frac{R_3}{R_2} \; ; \text{(auch hier taucht der Wurzelfaktor auf).}$$

Die Übertragungsfaktoren sind:

$$H_{HP} = - R_2/R_1 \; ,$$
$$H_{BP} = - R_3/R_1 \quad \text{und}$$
$$H_{TP} = - R_4/R_1 \; .$$

Die Kombination dieser Beziehungen ergibt dann weiter:

$$H_{BP} = Q \sqrt{H_{HP} \cdot H_{TP}} \quad \text{und} \quad H_{HP} = H_{TP} \cdot R_2/R_4 \; .$$

49

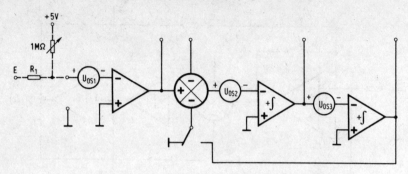

Abb. 1.32 Modell der Offsetspannungsquellen im Filterzug

Grundschaltung 4 weist einen Nachteil auf, der sich aus den Offsetspannungen der integrierten Operationsverstärker und Integratoren ergibt. *Abb. 1.32* zeigt das Modell der in die Stromwege eingeschleiften Offsetspannungsquellen $U_{OS1} ... U_{OS3}$.

Solange der integrierte Schalter den Tiefpaßausgang auf den unteren invertierenden Eingang des Summierers führt, findet ein Ausgleich der Offsetspannungen der zwei Integratoren statt. In der gezeichneten Stellung ist das nicht mehr der Fall und als Folge ergibt sich eine unerwünschte und störende Arbeitspunktverschiebung der Schaltung in Abhängigkeit von den jeweiligen Widerstandsgrößen.

Die Offsetspannungen haben im einzelnen folgende Ursachen und Werte:

U_{OS1} : normale Offsetspannung eines Operationsverstärkers;
0...+– 10 mV,

$U_{OS2, 3}$: Summe aus der normalen Offsetspannung und einer durch parasitäre Kapazitäten entstehenden Ladungsträgerinjektion von den Schaltern in die integrierten Kapazitäten. Diese Spannungen sind unabhängig von der Temperatur und der Taktfrequenz. Ihre Werte betragen:
$U_{OS2} \approx -120$ mV...-170 mV und
$U_{OS3} \approx + 100$ mV ... $+ 150$ mV, jeweils in der Betriebsart
50 : 1, im Fall 100 : 1 ergeben sich in etwa die doppelten Werte.

Zusätzlich entstehen je nach Schaltung unterschiedliche Beziehungen für die Offsetspannungswirkungen an den einzelnen Ausgängen. Kritisch kann dies werden, wenn in der Grundschaltung 4 der Q-Wert hoch und das Widerstandsverhältnis R_2/R_4 niedrig ist. Dann können am Tiefpaßausgang Spannungsverschiebungen von mehreren Volt entstehen und diesen Ausgang leicht in die Sättigung treiben. Die Schaltung ist dann nur für entsprechend kleine Aussteuerungen einsetzbar. Abhilfe kann der in Abb. 1.32 gestrichelt eingetragene Schaltungsteil einer Offsetspannungskompensation am Eingang schaffen.

1.4.2.5 Grundschaltung 5 (TP, BP, AP)

Diese Schaltung *(Abb. 1.33)* gestattet u.a. die Realisation eines Allpaßfilters. Das Merkmal eines derartigen Filters ist, daß es die Amplituden aller Frequenzen gleich gut überträgt, also keinen Amplitudenfrequenzgang aufweist (und daher nach den herkömmlichen Kriterien eigentlich kein Filter darstellt). Frequenzabhängig ist beim Allpaßfilter hingegen die Phasenverschiebung zwischen Ein- und Ausgang. Daher kann ein Allpaßfilter zur Erzeugung oder auch zum Ausgleich eines Phasenfrequenzgangs eingesetzt werden.

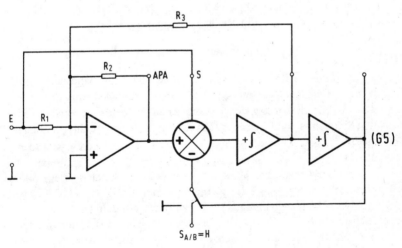

Abb. 1.33 Grundschaltung 5 des MF 10 für TP-, BP- und AP-Anwendungen

Die wichtigsten Gleichungen dieses Filtertyps lauten:
$f = f_T/100$ (oder $f_T/50$) und $Q = R_3/R_2$.

$H_{AP} = |R_2/R_1|$ (die Allpaßfunktion ist an Pin 3 (18) abzugreifen),

$$H_{TP} = -\left(\frac{R_2}{R_1} + 1\right)$$

$$H_{BP} = -\left(\frac{R_2}{R_1} + 1\right) \cdot \frac{R_3}{R_2}.$$

Diese Beziehungen werden einfach, wenn man $R_1 = R_2$ macht, nämlich: $H_{AP} = -1$ und $H_{TP} = -2$. Eine Kombination der o.a. Gleichungen ergibt zusätzlich:

$$H_{BP} = H_{TP} \cdot Q = (H_{AP} + 1) \circ Q.$$

Die Untersuchung der Phasendifferenz zwischen Ein- und Ausgang in Abhängigkeit vom Frequenzverhältnis f_T/f zeigt einen asymptotischen Verlauf. Für $f_T/f = 100$ (bzw. 50) sind Ausgangs- und Eingangsspannung phasengleich. Steigt die Frequenz f, so eilt die Phase der Ausgangsspannung nach und folgt bei hohen Frequenzen im Abstand von 180°. Bei tiefen Frequenzen tritt der umgekehrte Fall ein. Da die absolute Spanne der hohen Frequenzen größer ist als die der tiefen, ist der Verlauf der Funktion $\Delta \varphi (f_T/f)$ nicht linear.

Aus einem Allpaß kann ein Bandpaß oder eine Bandsperre entstehen, wenn die Ausgangs- und Eingangsspannungen summiert werden. Erfolgt dies mit gleichen Vorzeichen für beide, so entsteht bei der Frequenz $f_T/100$ (bzw. $f_T/50$) ein Bandpaß, andernfalls eine Bandsperre.

Abb. 1.34 zeigt zum Abschluß dieses Teils die Platinenvorlage einer universell einsetzbaren Filterplatine mit dem IC MF 10. *Abb. 1.35* ist die Bestückungszeichnung. Der Eingang des zweiten Filters, die Betriebsart (100 : 1, 50 : 1), der Taktpegel (CMOS, TTL), der Zustand der Schalter $S_{A/B}$ und die Eingänge $S1_A$, $S1_B$ müssen vom Anwender selbst festgelegt werden.

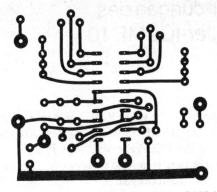

Abb. 1.34 Universalplatine für 1 Filter-IC MF 10

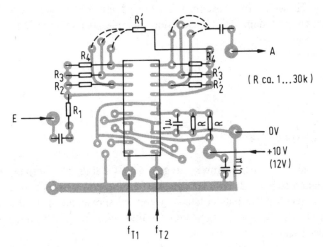

Abb. 1.35 Bestückungszeichnung der Universalplatine

53

2 Anwendungen des SC-Filter-ICs MF 10

In diesem Abschnitt ist eine ganze Reihe von Bauanleitungen und Bauvorschlägen mit dem IC MF 10 wiedergegeben. Als Taktgeneratoren werden durchweg die VCO-Teile von 4046-PLL-ICs verwendet. Im Gegensatz zum preiswerteren Taktgenerator-IC 555 hat ersteres den Vorteil, daß es ein Rechtecksignal mit dem benötigten Tastverhältnis von praktisch immer 1 : 1 liefert. Das Tastverhältnis des 555 ist hingegen frequenz- bzw. einstellungsabhängig.

Ein Hinweis: Im Abschnitt 2.12 wird ein Wobbelgenerator beschrieben, mit dem sich die Kurven aller hier behandelten Nf-Filter aufnehmen lassen.

2.1 Tiefpaßfilter

Die wohl einfachsten Anwendungen des ICs sind die Tiefpaßfilter, von denen sich 1-, 2- und 4polige Ausführungen verwirklichen lassen.

Der 1polige Tiefpaß entsteht, wenn entsprechend *Abb. 2.1* nur der erste der beiden Integratoren benutzt wird. Die Eckfrequenz errechnet sich aus:

$$f = (f_T/100) \cdot R_2/R_3 \text{ bzw.} (f_T/50) \cdot R_2/R_3 \qquad (2.1).$$

Für das Übertragungsverhalten in den Tiefpaß- und Hochpaßbereichen gilt:

$$H_{TP} = -R_3/R_1 \qquad (2.2)$$

und

$$H_{HP} = -R_2/R_1 \qquad (2.3).$$

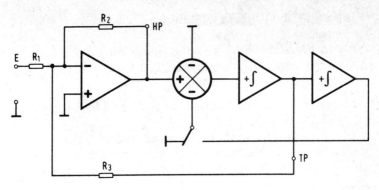

Abb. 2.1 Einpolige Tiefpaßschaltung des SC-Filters MF 10

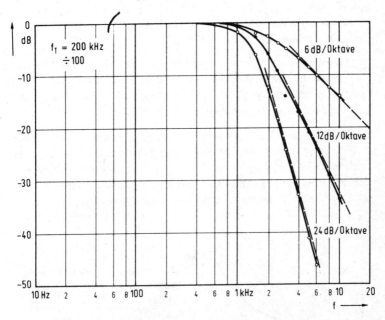

Abb. 2.2 Drei Tiefpaßkurven für drei Schaltungsvarianten des MF 10

Abb. 2.2 stellt 3 Tiefpaßkurven dar. Die Kurve mit dem flachsten Verlauf wurde für den 1poligen Tiefpaß gemessen. Oberhalb der Eckfrequenz geht der Kurvenverlauf in eine – bei logarithmischer Darstellung – Gerade über, deren Gefälle 6 dB/Oktave bzw. 20 dB/Dekade beträgt. Dieser Tiefpaß entspricht also einem einfachen RC-Glied oder -Integrator.

Die nächststeilere Kurve gehört zu einem mit Grundschaltung 2 (Abb. 1.29) realisierten Tiefpaßfilter. Es ist von 2. Ordnung. Die Flankensteilheit erreicht 12 dB/Oktave.

Schaltet man beide Tiefpaßfilter eines ICs in Reihe, entsteht die mit 24 dB/Oktave abfallende Kurve.

Die Reihenschaltung (Kettenschaltung) weiterer gleicher Tiefpaßfilter erhöht die Flankensteilheit zum Sperrbereich und die Sperrtiefe. Mit 2 ICs MF 10 lassen sich also 48 dB/Oktave erzielen usw.

Bei der Betrachtung der Abb. 2.2 (wie auch anderer) sei daran erinnert, daß die logarithmische Darstellung die hohen Frequenzen komprimiert wiedergibt, während ein linearer Maßstab den wesentlich flacheren Verlauf erkennen ließe.

Maßgebend für die Flankensteilheit eines Tiefpaßkettenfilters ist generell die Güte desjenigen Filters, das den Verlauf bei der *höchsten* Frequenz bestimmt. In der Schaltung nach Abb. 2.1 ist an der Bildung der Flankensteilheit jedes Filter in gleicher Weise beteiligt.

Ein günstigerer Weg, den üblicherweise gewünschten steileren Übergang vom Durchlaß- in den Sperrbereich zu erhalten, skizziert das nachstehende Verfahren. *Abb. 2.3* zeigt mit der rechteckig abknickenden Kurve (I) den Amplitudenverlauf, den man wohl für jedes Tiefpaßfilter anstrebt. Da der übergangslose Abfall vom Durchlaß- in den

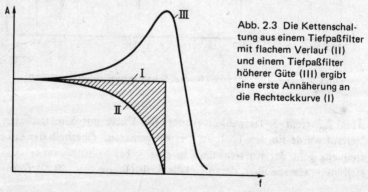

Abb. 2.3 Die Kettenschaltung aus einem Tiefpaßfilter mit flachem Verlauf (II) und einem Tiefpaßfilter höherer Güte (III) ergibt eine erste Annäherung an die Rechteckkurve (I)

Sperrbereich nicht zu realisieren ist, kann man nur versuchen, den langsamen Übergang (II) des Filters nach Abb. 2.3 durch ein zusätzliches Filter mit höherer Grenzfrequenz und höherer Güte zu kompensieren.

Das geschieht, indem man die schraffierte Differenzfläche zwischen den Kurven I und II durch die Resonanzüberhöhung der Kurve III teilweise ausgleicht. Damit ist schon ausgedrückt, daß Kurve III einen größeren Q-Wert aufweisen und mit der Resonanzüberhöhung oberhalb der Eck- oder Grenzfrequenz des ersten Tiefpaßfilters liegen muß. Da Kurve III wegen der höheren Güte einen steileren Übergang in den Sperrbereich zeigt, ist auch der Abfall der Summenkurve steiler. Der Ausgleich der schraffierten Fläche und damit die Annäherung an die Rechteckkurve (I) ist natürlich nur zum Teil zu erreichen. Will man das Verfahren fortsetzen, so ist die Summenkurve (III) wiederum mit einer Rechteckkurve zu vergleichen und erneut ein Tiefpaß mit noch höherer Güte und Grenzfrequenz nachzuschalten. Das läßt sich beliebig weiterführen. Unvermeidbar ist, daß dieses Verfahren die Grenzfrequenz immer weiter hinauftreibt. Bei der Konstruktion konventioneller Filter ist dies entsprechend zu berücksichtigen. Im Zusammenhang mit SC-Filtern erfolgt der Ausgleich einfach durch Wahl einer niedrigeren Taktfrequenz.

Ein Beispiel für dieses Verfahren ist in *Abb. 2.4* wiedergegeben. Der wesentlich steilere Verlauf der Summenkurve III ist deutlich zu erkennen. *Tabelle 2.1* enthält die Widerstandswerte der beiden verwendeten Tiefpaßfilter.

Tabelle 2.1

	1. Tiefpaßfilter		2. Tiefpaßfilter	
R1	11	kΩ	4,7	kΩ
R2	10	kΩ	10	kΩ
R3	6,8	kΩ	18	kΩ
R4	–		5,6	kΩ
Q	0,7		3,0	
f	2,0	kHz	3,3	kHz
f_T	200	kHz	200	kHz

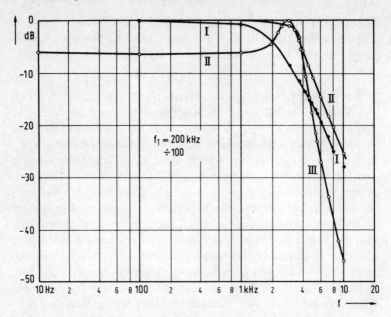

Abb. 2.4 Praktische Anwendung der Kettenschaltung von Tiefpässen zur Gewinnung eines steileren Abfalls vom Durchlaß- in den Sperrbereich

Das erste Filter ist nach Grundschaltung 2, das zweite nach Grundschaltung 3 aufgebaut.

Die zwischen 4 kHz und 8 kHz (1 Oktave) gemessene Steilheit ergibt etwa 30 dB/Oktave, also einen höheren Wert als für das ebenfalls 4polige Filter nach Abb. 2.2.

Für die Fortführung dieses Verfahrens kennt man mehrere Regeln. Einen steilen Abfall mit sehr vielen Filtern zu erzeugen ist kein Problem. Will man dies mit wenigen Kreisen erreichen, so sind Kompromisse zu schließen.

Ein steiler Übergang in den Sperrbereich kann mit einer geringen Filterzahl nur erzielt werden, wenn man die in Abb. 2.3 skizzierte Kompensation nur unvollkommen vornimmt, indem man den Filtern eine relativ hohe Güte gibt und sie in einem großen Abstand zueinander anordnet. Als Folge entsteht eine gewisse Amplituden-Welligkeit im Durchlaßbereich.

Eine hohe Welligkeit weist das *Tschebyscheff*-Filter auf. Sein Nachteil besteht außer in der Welligkeit darin, daß es auf sprunghaft auftretende Eingangssignale mit starkem Überschwingen reagiert.

Das *Gauß*-Filter zeigt hingegen kein Überschwingen beim Auftreten eines Impulses, allerdings ist der Übergang vom Durchlaß- in den Sperrbereich so flach, daß bereits im Durchlaßbereich eine nennenswerte Dämpfung zustandekommt.

Zwischen Gauß- und Tschebyscheff-Funktion ist das *Butterworth*-Filter angesiedelt.

Mit dem Aufbau aktiver Filter ist generell ein Problem verbunden, das sich aus der Aussteuerung ergibt. Einzelfilter mit hoher Güte müssen immer zum Ende einer Filterkette angeordnet werden. Ein Filter mit hoher Güte am Eingang einer Kette würde beim Auftreten eines starken Signals auf seiner Resonanzfrequenz eine Übersteuerung in den nachfolgenden Stufen hervorrufen.

2.2 Kettenschaltung von Hochpaßfiltern

Die Grundschaltung 4 und die des 1poligen Filters nach Abb. 2.1 erlauben den Aufbau von Hochpaßfiltern. Für die Frequenzcharakteristik der Hochpaßfilter gelten im Prinzip die gleichen Regeln wie für Tiefpässe, mit dem schon erwähnten Unterschied, daß beide ein zueinander gegenläufiges Verhalten zeigen. Die Umwandlung eines Tiefpaß- in ein Hochpaßfilter bezeichnet man auch als *Frequenztransformation*.

Benutzt man die Hochpaß- und Tiefpaßfilter desselben Filter-ICs, so sind die Amplituden jeweils bei der Grenz- bzw. Eckfrequenz gleich, die Kurvenverläufe werden an dieser Frequenz *gespiegelt*. Entsprechend kehren sich die mathematischen Beziehungen um.

Der Hochpaßausgang der Schaltung Abb. 2.1 liefert eine mit 6 dB/Oktave nach tiefen Frequenzen hin abfallende Kurve. Für die Kombination mehrerer Hochpässe gilt das gleiche wie für die Kettenschaltung von Tiefpässen. Wenn eine hohe Flankensteilheit erreicht werden soll, müssen die Filter mit der größeren Güte auf den tieferen Frequenzen arbeiten.

2.3 Bandpaßfilter

Alle 5 erwähnten Grundschaltungen erlauben den Aufbau von Bandpaßfiltern. Im Gegensatz zu Tief- und Hochpaßfiltern werden Bandpässe üblicherweise mit einer höheren Güte realisiert. Für einfache Anwendungen ist Grundschaltung 2 am günstigsten. Die Beziehungen zwischen Resonanz- und Taktfrequenz sowie die Gleichungen für das Übertragungsverhalten und die Güte sind leicht anwendbar.

Sind in einer Kettenschaltung Bandpässe mit gemeinsamer Takt-, jedoch unterschiedlicher Resonanzfrequenz zu realisieren, so ist den Grundschaltungen 3 und 4 der Vorzug zu geben.

Auf die Wiedergabe der Resonanzkurven von Einzelkreisfiltern soll hier verzichtet werden. Stattdessen sei ein Bandpaßfilter variabler Bandbreite, aufgebaut mit einem IC MF 10 beschrieben. Beide Filter werden mit einer gemeinsamen Taktfrequenz angesteuert. Die Güten sind fest eingestellt. Eine Anwendung dürfte das Filter vor allem als Telegrafiefilter finden. *Abb. 2.5* zeigt die Schaltung. Als Filter mit variabler Bandbreite besteht es aus einem Festfrequenzfilter und einem nachgeschalteten frequenzveränderbaren Bandpaßfilter.

Wenn beide Filter auf dieselbe Resonanzfrequenz abgestimmt sind, erfährt das Eingangssignal eine − der resultierenden Güte entsprechende − stärkere Resonanzüberhöhung, die die Dynamik des gesamten Filters verringert. Daher muß in diesem Fall eine Schaltungsvariante vorgesehen werden, die durch Verwendung eines Tandempotentiometers die Verstärkung der Schaltung verringert, wenn die resultierende Güte zu hoch wird, weil das variable Filter auf die Frequenz des festen abgestimmt wurde.

Im einzelnen ist zur Schaltung folgendes anzumerken. Beide Filter arbeiten in Grundschaltung 4. Da im ersten Filter $R_2 = R_4$ ist, wird der Wurzelwert $W = \sqrt{R_2/R_4} = 1$ und die Resonanzfrequenz

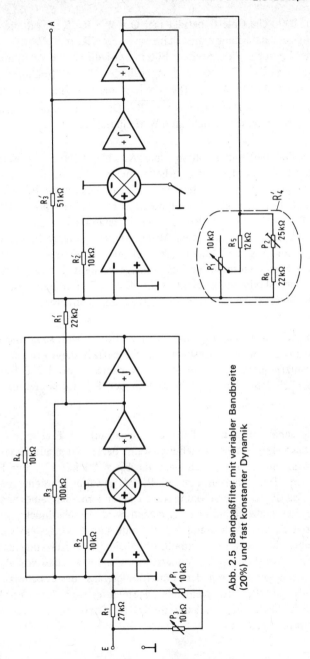

Abb. 2.5 Bandpaßfilter mit variabler Bandbreite
(20%) und fast konstanter Dynamik

$f = f_T/100$. Die Güte Q beträgt hier $Q = W \circ R_3/R_2 = 10$, die Q-unabhängige Verstärkung ergibt sich zu $v = - R_3/R_1 = - 3,7$.

Die Frequenz des zweiten Filters wird durch die Abstimmkombination aus $P_1{}'$, P_2, R_5 und R_6 gebildet. Diese Kombination ergibt den Widerstand R_4'. Die Frequenzbestimmung der Resonanz erfolgt nach: $f = (f_T/100) \cdot \sqrt{R_2/R_4'}$. Die Frequenzvariation durch P_1' wird so auf einen brauchbaren Wert eingeschränkt.

Bei der Bedienung soll in einer Anschlagstellung der Wert von R_4' gleich R_2 werden. Dann arbeiten beide Filter auf derselben Frequenz $f_T/100$ und das Filter wird schmal. Das ist für $P_1' = 10$ kΩ der Fall. Der Abgleich der Kombination auf 10 kΩ wird in der Stellung $P_1' = 10$ kΩ mit dem Trimmwiderstand $P_2 = 25$ kΩ vorgenommen und etwa in dessen Mittelstellung erreicht. In der Praxis erfolgt der Abgleich, indem man ein auf der Frequenz $f_T/100$ erzeugtes Signal einspeist und P_2 solange verstellt, bis das Ausgangssignal ein Maximum erreicht. (Mit dem weiter hinten beschriebenen Wobbler ist der Abgleich sehr einfach durchzuführen.)

Verstellt man nun P_1' langsam in Richtung Null, steigt die Bandbreite bis zu einem Höchstwert an. Sie beträgt dann etwa 20 % der Resonanzfrequenz f und reicht also von etwa f bis 1,2 f. Der Einstellbereich läßt sich durch Variation der R_4' -Kombination verändern.

Wie schon erwähnt, erfährt ein Signal auf der Frequenz f dann eine besonders starke Anhebung, wenn beide Filter auf dieser Frequenz arbeiten. Dieser Fall liegt für $P_1' = 10$ kΩ vor. Für P_1 ist nun ein Tandempotentiometer P_1/P_1' gewählt worden, um mit dem Teil P_1 die Verstärkung so zu verändern, daß eine nennenswerte Resonanzüberhöhung vermieden wird. P_1 überbrückt gemeinsam mit P_3 den Widerstand R_1. P_3 muß nun so eingestellt werden, daß über den gesamten Variationsbereich die Verstärkung des Filters etwa konstant bleibt. Voraussetzung dafür ist, daß von P_1 und P_1' die gegenüberliegenden Potentiometeranschlüsse benutzt werden, P_1 und P_1' also zueinander gegenläufig sind. Nach erfolgtem Abgleich dürfte die Welligkeit im Durchlaßbereich nur noch einige Prozent betragen.

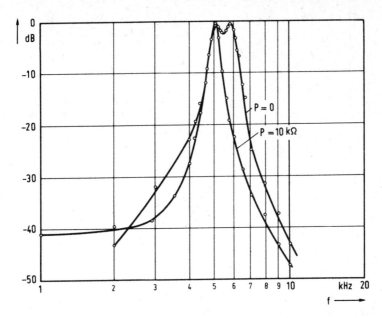

Abb. 2.6 Resonanzkurven für das variable Bandpaßfilter nach Abb. 2.5 in der engsten und weitesten Bandbreitestellung bei gleicher Dynamik

Soll die Einstellbarkeit der Bandbreite über 20% (0,2 f) hinaus erhöht werden, dann ist ein so flacher Frequenzgang nicht mehr zu erzielen. *Abb. 2.6* zeigt die Resonanzkurven für die Grenzfälle $P_1 = 0$ und $P_1 = 10\,\text{k}\Omega$.

2.4 Definitionen der Güte Q

An dieser Stelle sollen einige Erläuterungen zur Güte Q *(quality)* eingeflochten werden.

Ein realer Schwingkreis oder Filter weist Verluste auf, die bewirken, daß ein Impulsanstoß, der auf der Resonanzfrequenz erfolgt, ein langsam ausklingendes Signal ergibt; die Schwingamplitude nimmt kontinuierlich ab. Die Güte Q entspricht dem Kehrwert dieser Verlu-

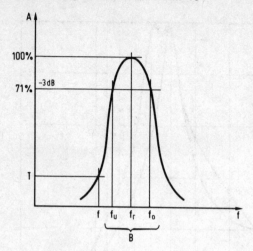

Abb. 2.7 Die Güte Q ist definiert als das Verhältnis der Resonanzfrequenz zur 3-dB-Bandbreite

ste. Je höher Q ist, desto geringer ist die Dämpfung des Signals und umso länger dauert der Ausschwingvorgang.

Im Frequenzbereich dargestellt wird die Resonanzkurve eines Filters umso enger, je höher Q ist. In *Abb. 2.7* ist eine derartige Resonanzkurve wiedergegeben. Die Amplitude A beträgt 100 % auf der Resonanzfrequenz f_r. Definitionsgemäß gibt es zwei Frequenzen rechts und links von f_r, bei denen die Amplitude um 3 db auf 71 % abgenommen hat. Diese Frequenzen nennt man z.B. f_o und f_u (obere und untere Frequenz). Der Abstand $f_o - f_u$ ist die 3-dB-Bandbreite B. So gilt:

$$B = f_o - f_u \tag{2.4}$$

Die Resonanzfrequenz f_r scheint in der Mitte zwischen f_o und f_u zu liegen. Das trifft auf schmalbandige Kreise (mit hoher Güte) zu. Exakt gilt jedoch, daß sich f_r aus dem *geometrischen Mittel* der 3-dB-Eckfrequenzen nach

$$f_r = \sqrt{f_o \cdot f_u} \quad \text{errechnet} \tag{2.5}$$

Man kann sich leicht davon überzeugen, daß für kleine Bandbreiten diese Beziehung übergeht in die bekanntere Gleichung

$$f_r = \frac{f_o + f_u}{2} \qquad (2.6).$$

Die Güte setzt nun die Bandbreite zur Resonanzfrequenz in Beziehung:

$$Q = f_r/B \qquad (2.7).$$

Mit (2.4) und (2.5) wird dann für Kreise mit niedriger Güte

$$Q = \frac{\sqrt{f_o \cdot f_u}}{f_o - f_u} \qquad (2.8).$$

Aus (2.4) und (2.6) erhält man den Näherungswert für Kreise mit hoher Güte:

$$Q = \frac{f_o + f_u}{2(f_o - f_u)} \qquad (2.9).$$

In (2.8) und (2.9) ist die Resonanzfrequenz nicht mehr enthalten.

Die praktische Bestimmung von Q erfolgt mit dem Meßaufbau nach *Abb. 2.8*. Der Eingang des Oszilloskops wird auf C-Kopplung (AC-Eingang) geschaltet und die Nullinie in die Mitte des Schirms gelegt. Wenn der Schirm eine vertikale Unterteilung in 6 Teile aufweist, wird die Q-Bestimmung einfach durchführbar. Man stellt die Frequenzen von Generator und Filter so aufeinander ein, daß auf dem Schirm eine Auslenkung von 6 Teilen (100%) erreicht wird. Verdreht man anschließend den Generator nach höheren und tieferen Frequenzen, dann liegen die Punkte f_u und f_o dort, wo die Schirmbildamplitude auf 4 Teile (70%) abgesunken ist. Die Frequenzen f_o und f_u werden am Frequenzzähler abgelesen und daraus die Güte errechnet.

In vielen Fällen wird man sich nicht auf die Ermittlung von Q beschränken können, sondern wissen wollen, welche Amplitude bzw. Dämpfung bei einer bestimmten Frequenz zu erwarten ist. Hierzu ist

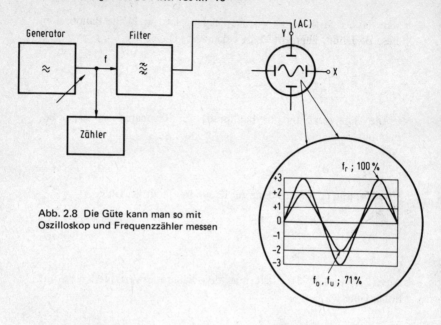

Abb. 2.8 Die Güte kann man so mit
Oszilloskop und Frequenzzähler messen

zunächst der Begriff der *normierten Verstimmung* v einzuführen. Für
v gilt:

$$v = \frac{f}{f_r} - \frac{f_r}{f} \tag{2.10}.$$

Die relative Amplitude, in Abb. 2.7 mit *Trennschärfe* T bezeichnet,
ergibt sich daraus zu:

$$T = \sqrt{1 + v^2 \cdot Q^2} \tag{2.11}.$$

Das Produkt v · Q bezeichnet man oft auch mit Ω. Anhand (2.11)
läßt sich nun die Trennschärfe T für jede Frequenz f, z.B. mit einem
programmierbaren Taschenrechner bestimmen.

Ein anderes Meßverfahren ermittelt die Güte Q aus dem zeitlichen Verlauf des Ausschwingvorgangs. Wenn ein Schwingkreis nur
kurz angeregt (angestoßen) wird und dann sich selbst überlassen

66

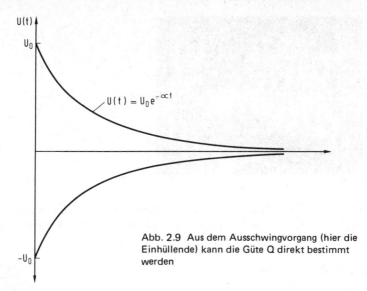

Abb. 2.9 Aus dem Ausschwingvorgang (hier die Einhüllende) kann die Güte Q direkt bestimmt werden

bleibt, bewirken die inneren Verluste, daß die Schwingamplitude abnimmt. Charakteristisch ist dabei, daß die Abnahme umso stärker ist, je mehr Energie der Schwingkreis noch enthält. Dieser Zusammenhang ist immer typisch für eine sog. e-Funktion als mathematische Beschreibung für den Vorgang (e = natürliche Zahl = 2,718 ...).

In *Abb. 2.9* ist die *Einhüllende* der abnehmenden Amplitude grafisch dargestellt. Ihr Verlauf wird beschrieben durch

$$U(t) = U_o \cdot e^{-\alpha t} \qquad (2.12).$$

Mit:

$$\alpha = \pi f/Q \qquad (2.13).$$

Eine einfache Lösung erhält man, wenn man $\alpha \cdot t = 1$ setzt. Dann wird $U(t) = U_o \cdot e^{-1} = 0,37 \cdot U_o$. Die Amplitude ist also zum Zeitpunkt t auf 37 % des Anfangswertes abgesunken. Aus $\alpha \circ t = 1$ und (2.13) ergibt sich ferner

$$Q = \pi f \cdot t ; \qquad (2.14).$$

67

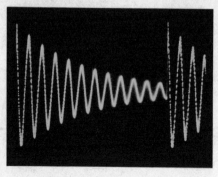

Abb. 2.10 Aufnahme eines Ausschwingvorgangs, Q = 17

t ist darin die Zeit, nach der der 37-%-Wert erreicht ist. Innerhalb dieser Zeit laufen n · t Schwingungen der Frequenz f ab. Das Endergebnis
ist dann:

$$Q = 3{,}14 \cdot n \qquad\qquad (2.15).$$

Auf der Fotografie, *Abb. 2.10*, ist ein derartiger Ausschwingvorgang dargestellt. Als Anregung diente ein 100-Hz-Signal. Die Filterfrequenz betrug 12 kHz. Aus der Aufnahme läßt sich die Güte zu etwa
17 errechnen.

2.5 Filterketten mit verschiedenen Taktfrequenzen

Da die Filterfrequenz durch die Taktfrequenz eingestellt werden kann,
erhebt sich die Frage, wie Filterketten mit unterschiedlichen Taktfrequenzen zu realisieren sind. Im Grunde gilt diese Frage auch bereits
für das im vorigen Abschnitt beschriebene Filter variabler Bandbreite.
Die Verwendung verschiedener Taktfrequenzen läßt einen Nachteil
der Schalterfilter deutlich werden, der auf dem Abtastvorgang beruht.
Wie im Abschnitt 1.3 (Faltung) bereits beschrieben wurde, liegt
am Filterausgang ein Spektrum vor, das außer der Nutzfrequenz f
auch die Taktfrequenz f_T, sowie die Kombination von f mit den
Oberwellen von f_T enthält. Gelangt dieses Spektrum nun auf ein zwei-

tes Schalterfilter, so entstehen Faltungsfrequenzen*(Alias-Frequenzen)*, die je nach Lage der einzelnen Spektralanteile und der zweiten Taktfrequenz hörbare Interferenzen entstehen lassen können.

Um dies zu vermeiden, sollte zwischen das erste und das zweite Filter ein passives oder aktives, jedoch nicht auf der Basis der Schalterfilter arbeitendes, Tiefpaßfilter eingefügt werden. Da ein solches Filter normalerweise nicht abstimmbar gemacht wird, engt es wegen der festen Grenzfrequenz u.U. die Anwendung der gesamten Schaltung ein. Hier muß jeder Anwender einen eigenen Kompromiß finden. Einerseits gibt es Fälle, in denen die Faltungsfrequenzen nicht sehr stören und die das zusätzliche Tiefpaßfilter entbehrlich machen, andererseits wird — dank des großen Frequenzabstandes zwischen der Signalfrequenz f und der Taktfrequenz f_T — ein auf 10 kHz fest eingestelltes Tiefpaßfilter die Bildung von Faltungsprodukten unterdrücken, solange die Taktfrequenz über 10 kHz, die Signalfrequenz also über 100 Hz bleibt. Die Einschränkung, daß das Filter dann auch nur bis etwa 10 kHz arbeiten kann, wird man in vielen Anwendungsfällen akzeptieren können. Entsprechendes gilt für die Kombination aus Taktfrequenz 20 kHz und Signalfrequenz 200 Hz usw. Das im Abschnitt 1.3 beschriebene aktive Rauch-Tiefpaßfilter 4. Ordnung hat sich hierfür gut bewährt.

Werden jedoch beide Filter desselben ICs mit verschiedenen Taktfrequenzen gesteuert, so gibt es wegen der IC-internen Kopplung keine Möglichkeit, durch einen Tiefpaß die Bildung von Faltungsfrequenzen zu verhindern. Das Filter nach Abb. 2.5 auf diese Weise zu realisieren, hätte daher wenig Sinn, denn die Bildung niedriger Faltungsfrequenzen ist besonders bei $f_{T1} \approx f_{T2}$ ausgeprägt. Das erwähnte Filter mit 2 ICs aufzubauen, ist jedoch wegen des Schaltungsaufwands keine günstige Lösung.

Dagegen kann die Reihenschaltung eines Hochpaß- mit einem Tiefpaßfilter sinnvoll sein, wenn man beider Durchlaßbereiche so kombiniert, daß ein Bandpaß entsteht. Das ist in der Bandpaßschaltung nach *Tabelle 2.2* geschehen. Zwischen Hoch- und Tiefpaß liegt das aktive Rauchfilter nach Abb. 1.23 ff. Der Hochpaß sollte an den Eingang gesetzt werden, weil das von ihm in den hohen Frequenzbereichen erzeugte breitbandige Rauschen dann vom Tiefpaß begrenzt werden

Tabelle 2.2

	HP-IC MF 10	TP-IC MF 10
R1	6,2 kΩ	6,2 kΩ
R2	5,6 kΩ	5,6 kΩ
R3	3,9 kΩ	3,9 kΩ
R4	5,6 kΩ	5,6 kΩ
R1′	3,0 kΩ	3,0 kΩ
R2′	9,1 kΩ	9,1 kΩ
R3′	18 kΩ	18 kΩ
R4′	9,1 kΩ	5,1 kΩ

	VCO 4046	VCO 4046
R11	22 kΩ	22 kΩ
C	100 pF	800 pF

kann und weil sich Alias-Kombinationen im Hochpaß wegen seiner höheren Taktfrequenz leichter vermeiden lassen.

Jedes Filter-IC wird von einem eigenen Taktgenerator gesteuert. Verwendung finden jeweils die VCO-Sektionen der PLL-ICs 4046. Der Taktgenerator für das Tiefpaßfilter arbeitet in der angegebenen Beschaltung bis 600 kHz, der des Hochpaßfilters von 10 bis 100 kHz. Die Einstellung nehmen zwei getrennte Potentiometer vor. Zum Aufbau der Filter können die Universalplatinen nach Abb. 1.34 verwendet werden. Wegen der kaum vermeidbaren Kopplung unter den ICs sollte auf den Aufbau auf einer gemeinsamen Platine verzichtet werden. Die Alias-Komponenten werden bereits deutlich schwächer, wenn Filter, deren Abstimmungsfrequenzen unterschiedlich sind, räumlich getrennt werden.

In *Abb. 2.11* ist die Bandpaßkurve (im linearen Maßstab) wiedergegeben, die dadurch entsteht, daß sich die Frequenzbereiche der Hoch- und Tiefpaßfilter überlappen. Die eingestellten Taktfrequenzen sind dabei für den Hochpaß 50 kHz und für den Tiefpaß 300 kHz, die Betriebsart 100 : 1.

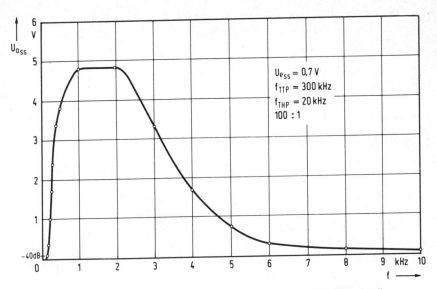

Abb. 2.11 Die Kombination eines Tiefpaß- mit einem Hochpaßfilter ergibt einen Bandpaß. Beide Flanken können unabhängig voneinander verschoben werden

Die voneinander unabhängigen Einstellmöglichkeiten für Hoch- und Tiefpaß erlauben interessante Filtereffekte durch die Beschnei- dung hoher und/oder tiefer Tonfrequenzen zu erzielen. Im Gegen- satz zur Kombination aus Bandpaßfiltern tritt keine Resonanzüber- höhung auf und die Dynamik bleibt unabhängig von der eingestell- ten Bandbreite.

2.6 Kombination von Bandpaß und Bandsperre

Für Anwendungen, die die Betonung einer (erwünschten) Frequenz und die Unterdrückung einer anderen (störenden) Frequenz erfor- dern, kombiniert man z.B. eine Bandsperre und einen Bandpaß. Die Bandsperre sollte generell an die erste Stelle geschaltet werden, zum einen weil ein Bandpaß leichter zu übersteuern ist, zum ande-

71

ren weil ein Bandpaß als letzte Stufe immer gut geeignet ist zur Unterdrückung des breitbandigen Rauschens der vorhergehenden Stufen oder Filter.

In Verbindung mit dem MF 10 gibt es zwei unterschiedliche Lösungen.

2.6.1 Kombination mit gemeinsamer Taktfrequenz

Man wird generell eine gemeinsame Taktfrequenz anstreben, um Probleme mit der Faltung zu verringern oder ganz zu vermeiden. Grundschaltung 3 erlaubt die Realisation einer von der starren Beziehung zur Taktfrequenz abweichenden Bandsperrenfrequenz $f_{BS} \leqslant (f_T/100$ oder $f_T/50)$. Andererseits ist mit der Grundschaltung 4 der Aufbau eines Bandpaßfilters möglich, dessen Resonanzfrequenz in beide Richtungen relativ zu $f_T/100$ oder $f_T/50$ variiert werden kann, also $f_{BP} \lessgtr (f_T/100$ oder $f_T/50)$.

Vergleicht man jedoch beide Grundschaltungen, so fällt auf, daß die integrierten Schalter S_A und S_B in entgegengesetzten Stellungen liegen müssen. Da sie nur gemeinsam mit $S_{A/B}$ betätigt werden können, ist diese Kombination in der einfachen bekannten Form nicht zu verwirklichen.

Ein Ausweg ist in der Abbildung der Grundschaltung 3 zu erkennen: Beide invertierende Eingänge des Summierers sind gleichwertig. Daher spielt es keine Rolle, ob Grundschaltung 3 in der üblichen Form oder mit dem Schalter S_A in der linken Stellung und einer externen Verbindung von S_{1A} mit dem Tiefpaßausgang aufgebaut wird.

Die Verschiebung von Bandpaß- und Bandsperrenfrequenz relativ zueinander wird durch die Widerstände R_2 und R_4 bewirkt. Allerdings ist die Variation, da sie zugleich die Güte beeinflußt, in der Praxis nicht allzu groß.

2.6.2 Kombination mit getrennten Taktoszillatoren

Eine andere, naheliegende Lösung, die jedoch zwei ICs MF 10 erfordert, ergibt eine leichter handhabbare Bandsperre-Bandpaß-Kombination: Die Reihenschaltung von Bandsperre, Antialiasing-Tiefpaßfilter und Bandpaß mit getrennten Taktoszillatoren. Zum Aufbau können die Universalplatine nach Abb. 1.34 und das Rauch-Tiefpaßfilter Abb. 1.23 benutzt werden. Auch hier sollte beachtet werden, daß eine räumliche Trennung aller drei Filterplatinen Vorteile bietet.

Die Stufung der Taktoszillatorbereiche wurde beim Mustergerät in zwei Bereichen von annähernd Null bis 700 kHz (R_{11} = 16 kΩ, C = 100 pF) und bis etwa 250 kHz (R_{11} = 70 kΩ, C = 100 pF) gewählt. Auf diese Weise ist immer eine leichte Einstellung möglich. Der Beginn bei tiefen Frequenzen hat den Vorteil, daß man mit der Bandsperre noch netzverbrummte Signale filtern und mit dem Bandpaß Spektren tiefer Frequenzen untersuchen kann. Die Variation dieser Bereiche durch den Anwender ist selbstverständlich möglich.

Die Gütewerte sind beim Mustergerät zwischen etwa 3 und 50 einstellbar gemacht worden.

Interferenzen durch Aliassignale dürfen normalerweise nur noch auftreten, wenn beide Taktfrequenzen übereinstimmen oder die eine Taktfrequenz die Hälfte, ein Drittel usw. der anderen ist.

Am Spannungsregler 12 V sollte eine gute Siebung vorgenommen werden. Als Glättungskondensator empfiehlt sich ein Wert von mindestens 470 μF, am Ausgang des Spannungsreglers eine Kombination 10 nF//10 μF. Anderenfalls ist zu befürchten, daß Störsignale aus dem Spannungsregler ein erhebliches Spektrum erzeugen, was sich dann beim Verstellen der Taktfrequenz durch wiederkehrende Interferenzen äußert.

In der Musterschaltung wurde eine Brummeinstreuung durch den in unmittelbarer Nähe (cm) zu den Filterschaltungen untergebrachten Netztransformator nicht beobachtet. Hiervon überzeugt man sich, indem man die Frequenz des Bandpaßfilters auf 50 Hz (Taktfrequenz 5 kHz) einstellt.

Im praktischen Betrieb in Verbindung mit einem Funkempfänger muß — wie auch an anderer Stelle betont — beachtet werden, daß das Filter die Oberwellen der Taktfrequenzen abstrahlen und damit den Empfang bei Verwendung einer Ferrit- oder Stabantenne am Gerät stören kann.

Abb. 2.12 Ansicht des Mustergerätes Bandsperre/Bandpaß

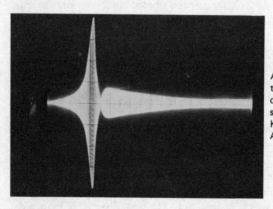

Abb. 2.13 Gewobbelter Amplitudenfrequenzgang der Bandsperre-Bandpaß-Kombination nach Abb. 2.12

Das Mustergerät, das *Abb. 2.12* zeigt, verwendet fünf Einzelplatinen für die Taktgeneratoren, die Bandsperre- und Bandpaßfilter, sowie das Anti-aliasing-Tiefpaßfilter zwischen Bandsperre und Bandpaß.

Im praktischen Einsatz lassen sich z.B. schwache Telegrafiesignale ganz erheblich aus einer störungsbehafteten Umgebung herausfiltern. Bei höheren Gütewerten tritt allerdings das bekannte Klingeln auf, das vor allem das Lesen schneller Telegrafiezeichen erschwert.

Abb. 2.13 zeigt die Ansicht des Amplitudenfrequenzgangs dieses Filters, aufgenommen mit dem Wobbelgenerator aus Abschnitt 2.12 im Frequenzbereich 10 Hz...10 kHz. Beide Achsen sind linear geteilt. Die Bandpaßfrequenz liegt mit einer Güte von ca. 10 bei 2 kHz, die Bandsperre auf etwa 2,5 kHz.

2.7 Steilflankiges Sprachbandfilter

Der Aufbau eines Sprachbandfilters von ca. 0,7...2,3 kHz mit einer einzigen Taktfrequenz ist unter Anwendung der Grundschaltungen 4 (oder 3 und 4) zwar grundsätzlich möglich, bereitet jedoch einige Schwierigkeiten. In jedem Fall muß ein derartiges Filter aus einer Reihenschaltung mehrerer Einzelfilter aufgebaut werden. Benutzt man eine einzelne Taktfrequenzquelle, so gewinnt man den benötigten Bewegungsfreiraum bei der Bemessung der einzelnen Widerstände erst durch die Verwendung von Frequenzteilern, die Taktfrequenzen erzeugen, die in einem festen Verhältnis zueinander stehen.

Als Beispiel sei ein Sprachbandfilter gezeigt, das aus 5 Bandpässen 2. Ordnung besteht und die 3 verschiedenen Taktfrequenzen 100, 150 und 200 kHz benutzt. Zur Erzeugung dieser Frequenzen, deren Relation zueinander immer gleich bleiben muß, wenn Störungen durch Faltung vermieden werden sollen, gibt es zwei einfache Verfahren, nämlich die Verwendung von Phasenregelschleifen (PLL) und die unterschiedliche Teilung einer gemeinsamen, hohen Taktfrequenz.

Abb. 2.14 verdeutlicht das Prinzip der Takterzeugung. Der variable Oszillator schwingt auf 1200 kHz und die genannten Taktfrequenzen entstehen durch Teilung. Man beginnt zweckmäßig mit der Reihenschaltung der Bandpaßfilter für 1 und 2 kHz. Deren Güten sollten nur niedrige Werte von etwa 5 erreichen. In die Mitte setzt man dann das 1,5-kHz-Filter mit einer Güte von etwa 4 und schließt die Flanken mit steileren 1- und 2-kHz-Filtern mit Gütewerten von ca. 20 ab. Der Feinabgleich wird mit R_4 und ggf. auch R_3 vorgenommen.

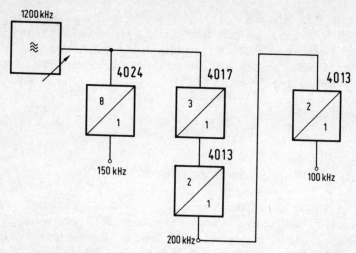

Abb. 2.14 Durch Frequenzteilungen lassen sich aus einem Taktsignal mehrere synchrone Taktfrequenzen erzeugen; Alias-Kombinationen zwischen verschiedenen SC-Filtern können so ganz wesentlich verringert werden

Tabelle 2.3 enthält die Widerstandswerte, die auf diese Weise durch praktische Erprobung für ein Sprachbandfilter aus 5 Bandpaßfiltern 1/2 MF 10 erhalten wurden, *Abb. 2.15* zeigt das mit dem Wobbelgenerator aus Abschnitt 2.12 gemessene Übertragungsverhalten. Deutlich zu erkennen ist die Welligkeit von etwa bis zu +− 2,5 dB im Durchlaßbereich. Die 5 Maxima entsprechen den Resonanzfrequenzen der 5 einzelnen Bandpaßfilter.

Tabelle 2.3

	Filter 1	Filter 2	Filter 3	Filter 4	Filter 5	
R1	10	10	12	6,2	5,6	kΩ
R2	10	10	10	5,1	10	kΩ
R3	51	62	47	100	130	kΩ
R4	51	−	−	7,5	6,2	kΩ
f_T	200	100	150	100	200	kHz
$S_{A/B}$	+	+	+	−	−	U_B

76

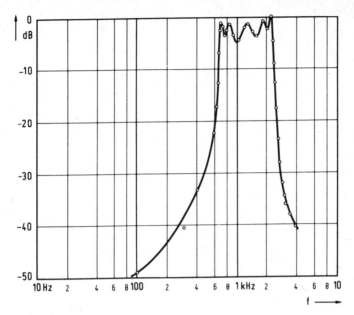

Abb. 2.15 Amplitudenfrequenzgang des steilflankigen Sprachbandfilters

Um die Taktfrequenz (1200 kHz) nicht zu hoch werden zu lassen, wurde die Betriebsart 50 : 1 gewählt. Der Durchlaßbereich des gesamten Filters reicht bei f_T = 500 kHz von ca. 0,7...2,3 kHz. Er kann mit f_T in bekannter Weise verstimmt werden.

2.8 Digital einstellbare Filter

Die Aufgabe der Widerstände in den verschiedenen Filterschaltungen besteht strenggenommen darin, Energie gleicher Frequenz mit unterschiedlichen Phasen an den invertierenden Eingang des ersten Operationsverstärkers im IC zurückzuführen. Das veranschaulicht *Abb. 2.16a/b* als Vorbetrachtung.

Die für die Grundschaltung 2 geltende Gütegleichung lautet: $Q = R_3/R_2$. Nun wird durch das Potentiometer P die Bandpaßaus-

77

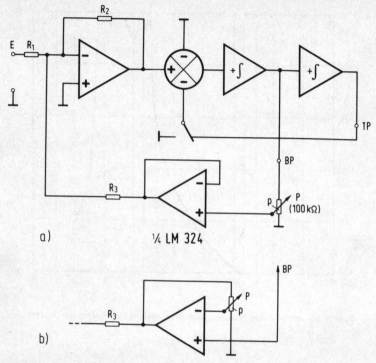

a)   ¼ LM 324

b)

Abb. 2.16a Potentiometrische Beeinflussung der Güte direkt proportional zum Potentiometerdrehwinkel

b) Potentiometrische Beeinflussung der Güte umgekehrt proportional zum Potentiometerdrehwinkel

gangsspannung auf den Wert $p \cdot U_{BP}$ herabgeteilt. p entspricht dem Drehwinkel des Potentiometers (ab Masse gerechnet). Die Güte ergibt sich nun zu $Q = R_3/p \cdot R_2$. Dreht man das Potentiometer ganz zum Bandpaßausgang hin, so wird p = 1 und Q erreicht den früheren Wert. In der Variante nach *Abb. 2.16a* arbeitet P als Signalspannungsteiler und bewirkt so eine Güteerhöhung. In der Schaltung *Abb. 2.16b* ist P in den Rückkopplungszweig gelegt. Voll aufgedreht ergibt sich wieder $Q = R_3/R_2$. Die Verstärkung der Schaltung ist $v = U_a/U_e = 1/p$. Für Q erhält man nun $Q = R_3/v \circ R_2 = p \cdot R_3/R_2$.

Q bewegt sich also zwischen 0 und R_3/R_2. Entsprechendes gilt für die Frequenzverschiebung in den Grundschaltungen 3 und 4.

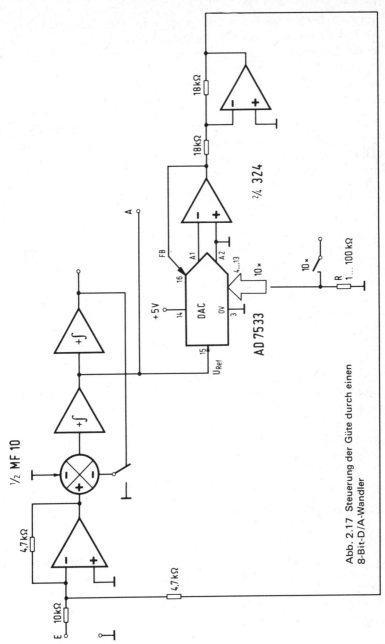

Abb. 2.17 Steuerung der Güte durch einen
8-Bit-D/A-Wandler

Es ist also klar geworden, daß es nicht die Widerstände sind, die die Frequenzcharakteristiken bestimmen, sondern ihre spannungsteilenden Eigenschaften. Da nun die meisten D-A-Wandler eine spannungsteilende R-2R-Widerstandskette enthalten, eröffnet sich die Möglichkeit, die oben durch das Potentiometer P vorgenommene Einstellung digital in genau definierten Schritten zu vollziehen.

Abb. 2.17 zeigt die Schaltung unter Verwendung des 10-Bit-D/A-Wandlers AD 7533. Der Wandler hat die 10 Digitaleingänge Bit 10 ...Bit 1. Bit 1 ist das höchstwertige Bit. Ein aktiver Bit-1-Eingang bewirkt, daß die Hälfte des Eingangssignals an den Ausgang übertragen wird. Das entspricht einer Verdoppelung des Widerstands R_3. Wenn Bit 9 allein aktiviert wird, ergibt sich eine Vervierfachung von R_3 usw.

Ob dies bis Bit 1 fortgesetzt werden kann, hängt u.a. von R_3 selbst und der Eigenstabilität der Schaltung ab. Für den hier eingesetzten 10-Bit-Wandler, dessen Auflösung in manchen Fällen zu hoch sein mag, trifft dies nur bei kleinen R_3-Werten zu. Je nach Anwendung lassen sich die entsprechenden 6-...8-Bit-D/A-Wandler verwenden.

In den Grundschaltungen 3 und 4 bewirkt R_4 Frequenzverschiebungen. Benutzt man statt R_4 einen D/A-Wandler, so kann diese Verschiebung, wenngleich nicht linear, ebenfalls digital vorgenommen werden.

Mit zwei D/A-Wandlern ist schließlich eine digitale Steuerung von Güte und Frequenz herzustellen. Auf diese Weise werden die ICs MF 10 sogar durch Rechner steuerbar.

2.9 Anzeige der Filterfrequenzen

Da der Zusammenhang zwischen der Filterfrequnz und der Taktfrequenz immer konstant ist, kann über die Messung der Taktfrequenz f_T durch einen Frequenzzähler die Filterfrequenz angezeigt werden.

Den einfachsten Fall einer Filterschaltung stellt die Grundschaltung 2 in der Betriebsart 100 : 1 dar.

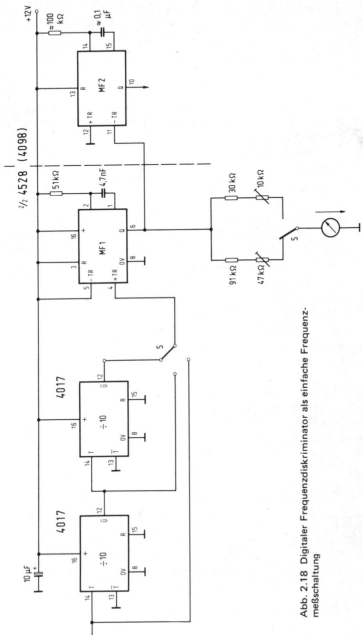

Abb. 2.18 Digitaler Frequenzdiskriminator als einfache Frequenz-
meßschaltung

81

Um eine Auflösung von 1 Hz zu erreichen, müßte ein üblicher Zähler normalerweise 1 s lang das Filtersignal messen. Da die Taktfrequenz jedoch das 100fache der Filterfrequenz beträgt, genügt bereits eine Zeitspanne von 10 ms, um dieselbe Auflösung bei Messung der Taktfrequenz zu erreichen.

Für viele Anwendungen sind jedoch sowohl die Genauigkeit als auch Aufwand eines Frequenzzählers zu hoch. Daher genügt oft der Einsatz eines *analogen Frequenzdiskriminators* nach *Abb. 2.18*, der eine frequenzproportionale Ausgangsspannung liefert.

Kernstück der Schaltung ist das Monoflop MF 1 (1/2 4528 oder 1/2 4098). Es erhält an den Eingang − TR die Impulse der zu messenden Frequenz f_T geliefert. Die vorgeschalteten Dekadenteiler dienen nur zur Bereichserweiterung.

Auf negative Flanken am Eingang −TR erzeugt das Monoflop Impulse am Ausgang Q. Die Dauer dieser Impulse wird durch das RC-Glied bestimmt. Die angegebene Dimensionierung (4,7 nF und ca. 34 kΩ) bewirkt Impulslängen von 100 μs. Der Abstand dieser Impulse hängt von f_T ab. Wenn f_T dann den Wert f_T = 1/100 μs = 10 kHz erreicht, gehen die Impulse ineinander über, der Ausgang Q liefert also durchgehend H-Potential.

Abb. 2.19 verdeutlicht dies. Der Mittelwert der Ausgangsspannung am Ausgang Q ergibt sich aus dem Tastverhältnis

$$t_{ein} / (t_{ein} + t_{aus})$$
nach $U_a = U_e \cdot t_{ein} / (t_{ein} + t_{aus})$.
Mit t_{ein} = 100 μs
und $t_{ein} + t_{aus} = T_T = 1/f_T$
wird $U_a = U_B \cdot 100\ \mu s \cdot f_T$.

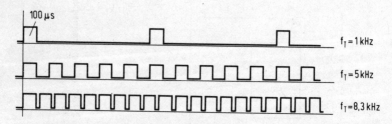

Abb. 2.19 Impulsdiagramm zur digitalen Frequenzdiskriminatorschaltung

Dabei besteht für f_T die schon erwähnte Grenze von 10 kHz. Dies ist zugleich die Meßgrenze dieser Schaltung. Die untere Frequenzgrenze hängt von Genauigkeit und Auflösung des Anzeigesystems ab. Für die meisten Anwendungen genügt hier ein einfaches Analoginstrument, das mit einem geeigneten Vorwiderstand zu versehen ist. Dieser Widerstand wird so gewählt und abgeglichen, daß der Vollausschlag bei f_T = 10 kHz auftritt.

Sobald die zu messende Frequenz f_T diesen Wert überschreitet, wird am Schalter S von Hand in den nächsthöheren Bereich umgeschaltet, d.h. der Vorteiler um den Teilerfaktor 10 erhöht usw.

Als Kriterium ist jeweils der Vollausschlag anzusehen. In manchen Fällen mag dies zu ungenau sein. Dann ist der Zustand des zweiten Monoflops MF2 mit heranzuziehen. Seine Funktion werde anhand Abb. 2.19 erläutert. Die Aus-Zeiten werden umso kleiner, je höher die Frequenz f_T steigt. Steuert man MF2 also mit den Ausgangsflanken von MF1 an, und wählt man die Zeitkonstante von MF2 hoch genug ($> 100\,\mu s$), so wird MF2 schon vor Ablauf seiner Zeitkonstante erneut getriggert und bleibt im aktiven Zustand. Sobald nun die Frequenz 10 kHz überschritten wird, liefert MF1 keine Ausgangsimpulse mehr und MF2 kippt in den inaktiven Zustand um. Das kann man dann mit einer Leuchtdiode o.ä. anzeigen und hat so ein eindeutigeres Kriterium als nur den Vollausschlag des Instruments gewonnen.

Da die Nachtriggerung von MF2 bei tiefen Frequenzen f_T in zu großen Abständen erfolgt, kann – je nach Dimensionierung der MF2-Zeitkonstante – die Leuchtdiode schwach aufleuchten, bedingt durch intermittierenden Betrieb.

Die Meßgenauigkeit der Schaltung hängt u.a. von der Flankensteilheit der Triggerimpulse für MF1 ab. Die Genauigkeit ist naturgemäß bei tiefen Frequenzen am höchsten. Für die vorliegende Schaltung wurde daher als Kompromiß die maximale Meßfrequenz zu 10 kHz gewählt. Der Meßfehler liegt dann bei etwa 1 %. Schließlich sei noch erwähnt, daß sich die Ausgangsspannung auch zur automatischen Bereichsumschaltung des Schalters S verwenden läßt.

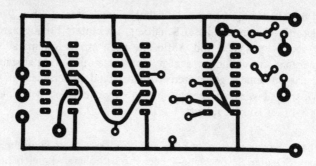

Abb. 2.20 Platinenvorlage der Diskriminatormeßschaltung

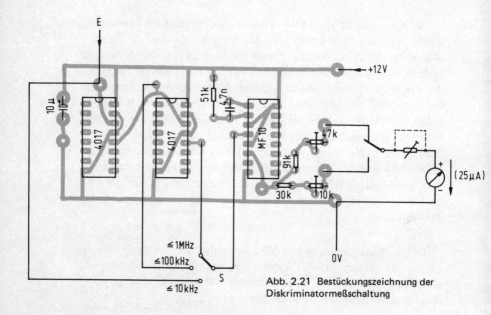

Abb. 2.21 Bestückungszeichnung der
Diskriminatormeßschaltung

Abb. 2.20 zeigt die Platinenvorlage für die Meßschaltung, allerdings ohne den Zusatz des zweiten Monoflops, dafür jedoch zur Erhöhung der Ablesegenauigkeit mit einer Möglichkeit zur Bereichsumschaltung für zwei verschiedene Anzeigebereiche von z.B. maximal 2 und 5 kHz. *Abb. 2.21* ist die Bestückungszeichnung.

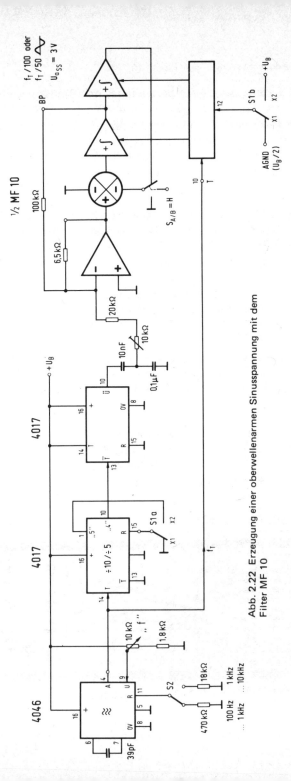

Abb. 2.22 Erzeugung einer oberwellenarmen Sinusspannung mit dem Filter MF 10

85

2.10 Erzeugung einer oberwellenarmen Sinusspannung

In der Betriebsart 100:1 beträgt die Taktfrequenz genau das 100fache der Filterfrequenz (z.B. der eines Bandpaßfilters nach Grundschaltung 2). Teilt man die Taktfrequenz durch 100, und läßt sie dann das Filter passieren, so liegt am Ausgang die Frequenz $f_T/100$ als oberwellenarme Sinusspannung vor.

Abb. 2.22 zeigt eine geeignete Schaltung. Den Frequenzteiler durch 100 bilden die ICs 4017. Sie können durch Brücken oder Schalter S1 wahlweise auf Teilung durch 100 oder 50 geschaltet werden, im ersten Fall, indem der R-Eingang des ersten Teiler-ICs auf 0 V gelegt, im zweiten Fall, indem der R-Eingang mit dem Ausgang „5" verbunden wird. Der kapazitive Spannungsteiler 10 nF/ 100 nF verringert die Filtereingangsspannung soweit, daß keine Übersteuerung des Filters stattfindet. Die Feineinstellung nimmt der Trimmwiderstand Tr (10 kΩ) vor. Die zur Filterung notwendige Güte von etwa 13 bewirkt eine entsprechende Resonanzüberhöhung. Das maximale Ausgangssignal beträgt etwa 3 Vss. In *Abb. 2.23* ist die Platinenvorlage für den Sinusgenerator gezeigt, *Abb. 2.24* ist die Bestückungszeichnung.

In der Betriebsart 100:1 liegen die 3-dB-Grenzen der Ausgangsspannung bei etwa 70 Hz und 15 kHz. In der Betriebsart 50:1 sind die entsprechenden Werte 60 Hz und 18 kHz. Die Funktion reicht bei verminderter Ausgangsspannung bis etwa 30 kHz. Mit dem Schal-

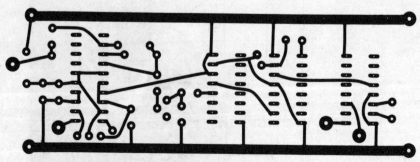

Abb. 2.23 Platine des Sinusgenerators

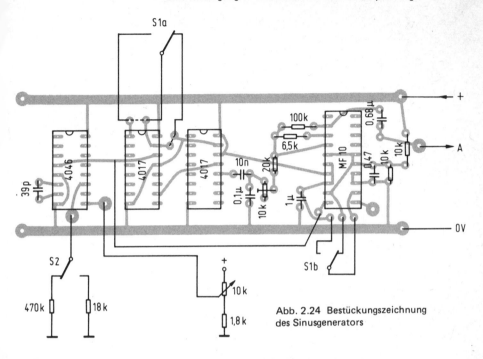

Abb. 2.24 Bestückungszeichnung des Sinusgenerators

ter S2 kann der Frequenzbereich, wie in der Schaltung angegeben, umgeschaltet werden. Die Aufnahme *Abb. 2.25* zeigt den leicht stufenförmigen Verlauf der Ausgangsspannung in der Betriebsart 50:1, bei f = 2 kHz und U_{ass} = 1,0 V. Die mit einem Nf-Spektrum-

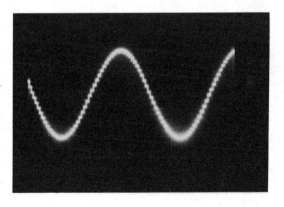

Abb. 2.25 Die Aufnahme der oberwellenarmen Sinusspannung, erzeugt mit der Schaltung Abb. 2.21, läßt den leicht stufenförmigen Verlauf der Ausgangsspannung erkennen

87

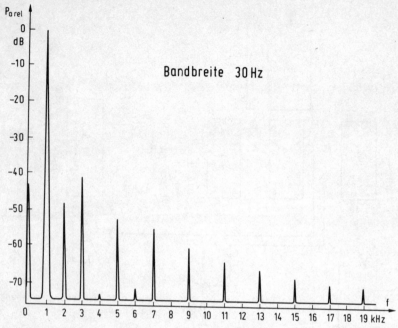

Abb. 2.26 Spektrumdarstellung des Ausgangssignals nach Abb. 2.25 mit einem Spektrumanalysator aufgenommen, f = 1 kHz, etwa 2/3 der maximalen Ausgangsspannung vor sichtbarem Begrenzungseinsatz. Der Klirrfaktor errechnet sich aus dieser Pegelverteilung zu etwa 1 %

analysator aufgenommene Verteilung von Grundschwingung 1 kHz und Oberwellen zeigt *Abb. 2.26*.

Im Spektrum der Ausgangsspannung sind außer der Frequenz $f = f_T/100$ oder $f_T/50$ auch deren Oberwellen $n \cdot f$ sowie die Kombinationsfrequenzen $n \cdot f_T +/- f = 99f, 101f, 199f, 201f$ usw. enthalten. Bis zu einem gewissen Maß hängt die Stärke der Signaloberwellen $n \cdot f$ von der Filtergüte ab. Allerdings ist ein Mindestklirrgrad von etwa 1 Prozent (unabhängig von Q) kaum zu unterschreiten.

Das Sinussignal wird normalerweise am Bandpaßausgang abgegriffen. Zugleich steht am Tiefpaßausgang ein um 90° phasengedrehtes, gleichstarkes Sinussignal zur Verfügung, so daß diese Schaltung auch als *Quadraturgenerator* arbeiten kann. Die mathematische Beschreibung der Signale lautet

Bandpaßausgang: $\quad U_{BP} = \left| \dfrac{\hat{U}_a}{2} \right| \ \sin(2\,\pi\,\dfrac{f_T}{100}\,t)$,

Tiefpaßausgang: $\quad U_{TP} = \left| \dfrac{\hat{U}_a}{2} \right| \ \cos(2\,\pi\,\dfrac{f_T}{100}\,t)$.

Schaltet man an den Tiefpaßausgang ein weiteres Filter, z.B. die zweite Hälfte des MF 10, so erhält man auf gleiche Weise zwei zusätzliche, um 90° gedrehte Spannungen, verfügt dann also über Signale in allen 4 Quadranten.

2.11 Digital einstellbares Filter/Sinusgenerator

In den vorangegangenen Abschnitten ist die Frequenzeinstellung der Filter durchweg auf analogem Weg erfolgt, d.h. ein spannungsgesteuerter Oszillator hat jeweils als Taktgenerator gearbeitet. Dabei war der Zusammenhang zwischen der Taktfrequenz und der Abstimmgröße, nämlich der Spannung durchaus nicht immer linear.

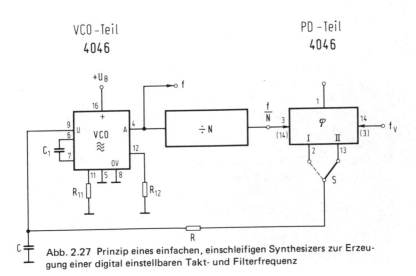

Abb. 2.27 Prinzip eines einfachen, einschleifigen Synthesizers zur Erzeugung einer digital einstellbaren Takt- und Filterfrequenz

Zur präzisen Einstellung der Filterfrequenz kann ein Taktfrequenz-Synthesizer dienen. Sein Prinzip *(Abb. 2.27)* sei hier anhand des CMOS-PLL-ICs 4046 kurz erläutert. Im IC sind die Teile VCO und Phasendetektor (PD) integriert. Die Frequenz des VCO wird von den Komponenten C1, R1, R2 und der Spannung U bestimmt. R2 bewirkt einen Frequenzversatz und wird in vielen einfachen Anwendungen weggelassen.

Bei der Frequenzeinstellung durch die Spannung U ergibt sich eine sehr hohe Frequenzvariation; ein Beispiel:

$$+ U_B = + 5\,V, C1 = 39\,pF, R1 = 1,1\,k\Omega, U = \quad 5\,V: f = 1\,MHz,$$
$$+ U_B = + 5\,V, C1 = 39\,pF, R1 = 1,1\,k\Omega, U = 0,5\,V: f = 5\,kHz.$$

Das Rechtecksignal des VCO mit dem Tastverhältnis 1:1 (50%) steht am Ausgang A zur Verfügung. Je nach Anwendung schließt sich ein fester oder variabler Frequenzteiler : N an.

Im Phasendetektorteil des ICs sind 2 Phasendetektoren integriert. Der Detektor I (sog. Detektortyp I) ist ein einfaches EXOR-Gatter. Es benötigt, wenn der maximale Regelbereich einer PLL ausgenutzt werden soll, Eingangssignale mit dem Tastverhältnis 1:1.

Günstiger, weil auch auf kurze Eingangsimpulse anzuwenden, ist der flankengesteuerte PD II. Er wird hier eingesetzt.

Der Phasenregelkreis wird durch das Schleifenfilter RC geschlossen; diese RC-Kombination wirkt als Tiefpaß und unterdrückt die in den Ausgangssignalen enthaltenen Frequenzen f/N und f_v. Im Idealfall gelangt an den Eingang des VCO eine Gleichspannung. Da eine Restwelligkeit in dieser Spannung eine unerwünschte Frequenzmodulation der Frequenz f und folglich auch f/N bewirkt, sollte die Zeitkonstante RC hoch sein. Dies hat jedoch zugleich die Folge, daß eine hohe Zeitkonstante sowohl das Einschwingen der Regelschleife als auch das Nachregeln bei plötzlichen Frequenzschwankungen des VCO behindert. Hier muß der Anwender einen Kompromiß finden.

Die zweite dem PD zugeführte Spannung hat die Vergleichsfrequenz f_v. Die wichtigste Eigenschaft der funktionierenden PLL ist

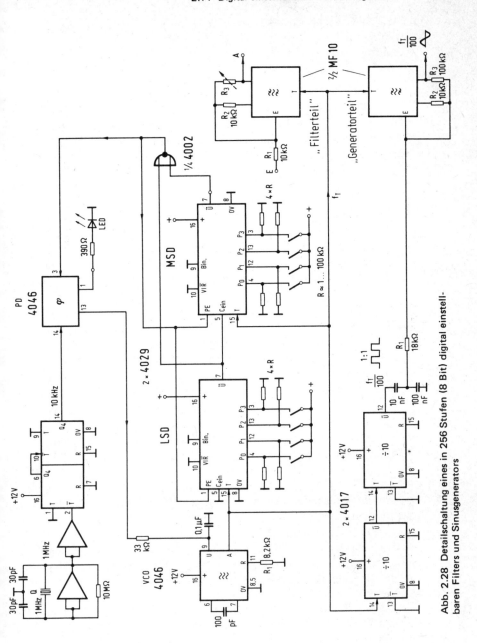

Abb. 2.28 Detailschaltung eines in 256 Stufen (8 Bit) digital einstellbaren Filters und Sinusgenerators

91

ihre Fähigkeit, die VCO-Frequenz f so einzustellen und nachzuregeln, daß immer gilt

$$f = N \cdot f_v.$$

Ein veränderbarer Teiler N bietet also die Möglichkeit, die VCO-Frequenz f in Schritten der Größe f_v zu variieren. Wendet man zusätzlich die in Abschnitt 2.10 beschriebene Schaltung zur Erzeugung einer oberwellenarmen Sinusspannung an, erhält man eine Ausgangsspannung der Frequenz $f = N \cdot f_v/100$. Mit $f_v = 10$ kHz läßt sich das Filter also in Schritten zu 100 Hz einstellen.

Im einfachsten Fall erfolgt die Einstellung der Frequenz durch Codierschalter. *Abb. 2.28* zeigt die Schaltung. Sie benutzt zur Erzeugung der Referenzfrequenz f_v einen Quarzoszillator mit einem 1-MHz-Quarz und einem aus Gattern 4011 gebildeten aktiven Oszillatorteil. Nach Teilung durch 100 in einem zweifachen BCD-Teiler entsteht $f_v = 10$ kHz. Sie wird einem Eingang des Phasendetektors zugeführt.

Der VCO arbeitet mit C1 = 100 pF und R1 = 8,2 kΩ. Der Frequenzbereich geht bis 1 MHz. Das VCO-Signal wird in einem aus zwei ICs 4029 bestehenden variablen, voreinstellbaren Frequenzteiler verarbeitet. Dieser Teiler arbeitet rückwärts im BCD-Modus. Mit PE = H übernehmen beide ICs den Wert der Codierschalter und beginnen von diesem aus rückwärts zu zählen. Wenn der Stand 0 erreicht ist, wird PE wieder H. Zusätzlich gibt die Schaltung ein Signal ab, das über das NOR-Gatter 1/4 4002 auch an den Phasendetektor gelangt. Über das Schleifenfilter 33 kΩ/0,1 μF wird der VCO jeweils so nachgeregelt, daß die PE-Impulse mit einer Frequenz von 10 kHz aufeinander folgen.

Der Einstellbereich der zwei Codierschalter umfaßt die Kombinationen 01...99. Die Ausgangsfrequenz des VCO bewegt sich also zwischen 10 kHz und 990 kHz. Sie wird – nach Teilung durch 100 (50) einem der Filter MF 10 zugeführt und steht an dessen Ausgang als Sinusspannung im Bereich 100 Hz...9,9 kHz (200 Hz...20 kHz) in Schritten zu 100 Hz (200 Hz) zur Verfügung.

Da das IC MF 10 zwei gleiche Filter enthält, kann der zweite Filterteil als Bandpaß geschaltet und mit dem Codierschalter bzw.

der Taktfrequenz synchron zum Generatorfilter variiert werden. Wird die Einstellung der Codierschalter automatisch (von 01...99) durchlaufen, so entsteht ein einfacher Wobbelgenerator. Für manche Meßzwecke sind jedoch die 100-Hz-Sprünge zu groß. Eine Verkleinerung der Schritte erhöht allerdings die Filterungsprobleme in der Regelschleife in etwa quadratischer Abhängigkeit, so daß auf diesem Weg nur schwer eine Verbesserung zu erzielen ist.

2.12 Wobbelgenerator mit Rate Multipliern

Das Prinzip des digitalen Wobbelgenerators wurde bereits aus der vorangegangenen Beschreibung deutlich. Die geringe Auflösung von 100 Schritten und die niedrige Wobbelgeschwindigkeit ließen es geraten erscheinen, ein anderes Verfahren anzuwenden. Es verwendet statt der PLL eine Kette von *BCD Rate Multipliern*.

2.12.1 Funktion der Rate Multiplier

Hierunter ist folgendes zu verstehen. Der Rate Multiplier RM ist ein (CMOS-) IC, dem eine Eingangsfrequenz und eine digitale 4-Bit-Information zugeführt werden. Man muß nun zunächst zwischen BCD- und Binär-RM unterscheiden. Die Eingangsinformation D, die der BCD-RM erhalten kann, geht von 0...9, die entsprechende des Binär-RM von 0...15. In dieser Bauanleitung werden nur BCD-RM verwendet. Eine wichtige Eigenschaft eines BCD-RM besteht nun darin, daß er auf je 10 Impulse der Eingangsfrequenz gerade soviele Ausgangsimpulse liefert, wie es die Information am BCD-Eingang vorschreibt. Hat diese Information z.B. den Wert D = 4, dann erscheinen am Ausgang des BCD-RM jeweils M = 4 Impulse auf 10 Eingangsimpulse. Insofern stellt der BCD-RM einen Multiplizierer dar: $M = D/10 = 0,1 \cdot D$.

RM lassen sich in Serie schalten (kaskadieren). Dann gilt entsprechendes. Eine aus drei ICs aufgebaute BCD-RM-Kette, an deren

Dateneingang der Wert D = 357 gelegt wird, liefert M = 357 Ausgangsimpulse auf 1000 Eingangsimpulse usw.

Es liegt nahe anzunehmen, daß diese Ausgangsimpulsfolge in den allermeisten Fällen keine kontinuierliche Frequenz darstellen kann, weil die Impulse nicht im exakt gleichen Abstand aufeinanderfolgen. Immerhin sind die RM so aufgebaut, daß bei z.B. vier Ausgangsimpulsen nicht alle vier aufeinanderfolgen und dann eine Pause von 6 Impulsen entsteht, sondern so, daß eine möglichst gleichmäßige Verteilung über die Zeit eintritt. Wird die Folge anschließend in Frequenzteilern heruntergeteilt, so vermindern sich die unregelmäßigen Abstände (bezogen auf die jeweils entstehende Taktperiode).

Filtert man diese Folge zusätzlich in einem geeigneten Filter, so werden — bedingt durch das Beharrungsvermögen des Schwingkreises *(Schwungradeffekt)* — die Phasensprünge *(Jitter)* weiter herabgesetzt.

2.12.2 Sinus- und Steuergenerator

In Anlehnung an die Schaltung zur Erzeugung einer oberwellenarmen Sinusspannung wird auch hier die Ausgangsfolge der BCD-RM-Kette durch 100 geteilt und auf ein Filter-IC MF 10 gegeben. Die Ausgangsfrequenz dieses Generators hängt nun ab von der Eingangsfrequenz und der Information D an den Daten-Eingängen. Die Eingangsfrequenz wird von einem 2-MHz-Quarzoszillator erzeugt. Wegen dessen Konstanz ist die Ausgangsfrequenz immer dem Datenwort D proportional; D = 357 ergibt also 3,57 kHz usw.

Um aus diesem digital einstellbaren Sinusgenerator einen Wobbelgenerator zu machen, muß nur noch die Daten-Information D fortlaufend geändert werden, und zwar von 0...999, falls der gesamte Bereich überstrichen werden soll. Hierzu dient ein normaler 3stelliger BCD-Zähler, dessen Ausgänge auf die Dateneingänge der BCD-RM geführt werden und der am Takteingang die Wobbelfrequenz zugeführt erhält. Auf je 1000 Eingangsimpulse vollführt er einen Wobbeldurchlauf.

Hierbei ist zu beachten, daß der 3stellige BCD-Steuerzähler nicht zu schnell weiterschalten darf. Er sollte immer so lange in derselben

Stellung bleiben, daß der BCD-RM eine vollständige Ausgangssignal-folge (z.B. 357 Impulse) abgeben kann, bevor der Stand des Steuer-zählers um 1 erhöht wird. Diese Einschränkung bringt jedoch bei Nf-Wobblern i.a. keine Probleme mit sich.

2.12.3 Erzeugung der X-Ablenkspannung

Die Verwendung des RM hat noch einen weiteren wichtigen Vorteil. Er erzeugt direkt die X-Ablenkspannung. Das Tastverhältnis des Aus-gangssignals über eine längere Zeitspanne, mindestens jedoch 1000 Eingangsimpulse, entspricht exakt dem Wert des Datenwortes D. Für D = 357 schaltet der Ausgang je 1000 Eingangsimpulse also 357 mal nach H.

Die Länge jeder einzelnen H-Phase (t_{ein}) hängt nun noch direkt vom Tastverhältnis $t_{ein}/(t_{ein} + t_{aus})$ des Eingangssignals und der Be-triebsspannung U_B ab. Bildet man jetzt den Mittelwert der Aus-gangsspannung, dann erhält man einen Wert, der ebenfalls genau dem Datenwort D entspricht, exakt:

$$U_a = U_B \cdot \frac{t_{ein}}{t_{ein} + t_{aus}} \cdot \frac{D}{1000}$$

Um eindeutige Verhältnisse zu erzielen, empfiehlt es sich, das Tast-verhältnis des Eingangssignals und die Betriebsspannung konstant zu halten, denn jede dieser beiden Größen beeinflußt die Ausgangsspan-nung, wie die Gleichung oben zeigt, linear.

Da die so gewonnene Ausgangsspannung (auf dem Umweg über das Datenwort D) der Ausgangsfrequenz proportional ist, kann sie also direkt als X-Ablenkspannung benutzt werden.

2.12.4 Aufbau des Wobbelgenerators

Die Schaltung des Wobbelgenerators zeigt *Abb. 2.29a*. Die Schaltungs-beschreibung beginnt mit dem Taktgenerator. Dieser Schaltungteil hat zwei Aufgaben. Er dient zum einen als Normal für die Ausgangs-

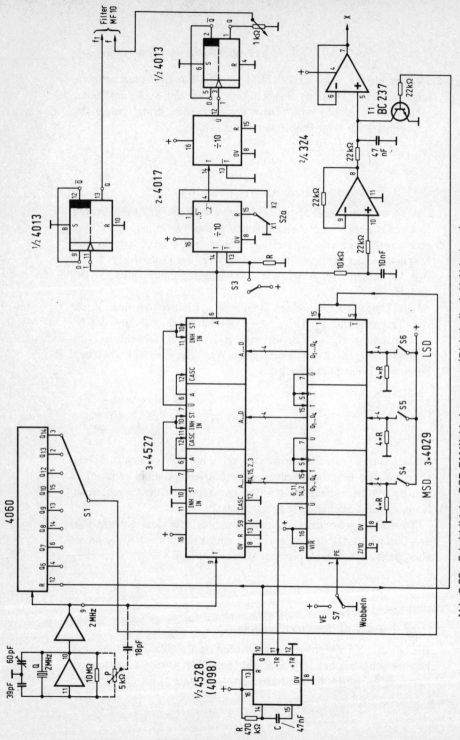

Abb. 2.29a Schaltbild des BCD-RM-Wobbelgenerators (Digitalteil mit X-Ablenkung)

frequenz selbst und steuert die BCD-RM-Kette hierzu direkt mit der 2-MHz-Oszillatorfrequenz an. Zum zweiten nimmt der Oszillator die Durchstimmung der Ausgangsfrequenz vor, erzeugt also die Wobbelfunktion. Da dies nicht zu schnell ablaufen darf, wird die Oszillatorfrequenz heruntergeteilt.

Die wohl einfachste Realisierung dieser Funktion erlaubt das IC 4060, das sowohl den Oszillator als auch eine 14stufige Binärteilerkette enthält. Von den Binärteilern sind die Ausgänge Q4...Q10 und Q12...Q14 herausgeführt; Q11 steht also nicht zur Verfügung. Der Schalter S1 erlaubt die Auswahl verschiedener Wobbelgeschwindigkeiten. Die Abstufung 2 : 1 hat sich als recht brauchbar erwiesen. Die Größe der Überlaufzeit selbst ist normalerweise von untergeordneter Bedeutung.

In vielen Fällen ist die hohe Stabilität eines Quarzoszillators nicht erforderlich. Dann kann der Oszillatorteil des 4060 auch mit einem RC-Glied beschaltet werden, wie dies in Abb. 2.28 gestrichelt angedeutet ist. In diesem Fall wird auf den Quarz, den 10-MΩ-Widerstand und die Kondensatoren natürlich verzichtet. Die Abstimmung erfolgt mit dem 5-kΩ-Trimmwiderstand auf 2 MHz. In Anbetracht der Tatsache, daß es beim Wobbeln hinsichtlich der Frequenzgenauigkeit auf einige Prozent nicht ankommt, dürfte für einige Anwendungen ein RC-Generator genügen.

Die Taktfrequenz gelangt parallel an alle BCD-RM-ICs. Das ist im Schaltbild durch den Block links von den ICs angedeutet. Alle auf diesen Block laufenden Verbindungen gelten für alle ICs in gleicher Weise. Die Verknüpfungen der RM-ICs untereinander sind der Schaltung zu entnehmen. Am Ausgang A des LSD-RM liegt die Impulsfolge an, die — wie vorher beschrieben — sich aus der Taktfrequenz und den Eingangsinformationen ergeben. Im Flipflop FF1 (1/2 4013) entsteht dann das Taktsignal für die Filter-ICs MF 10.

Je nach Betriebsart (100 : 1 oder 50 : 1) muß dieselbe Frequenz noch durch 100 oder 50 geteilt werden. Das geschieht in den 2 ICs 4017. Das erste davon ist mittels S2a zwischen den Teilerfaktoren 10 : 1 und 5 : 1 umschaltbar, indem der Rücksetzeingang R wahlweise an 0V oder an den 5. dekodierten Ausgang („5") gelegt wird.

Synchron dazu muß die Umschaltung des Betriebsarten-Eingangs am Filter-IC MF 10 erfolgen. Diesem Zweck dienen die zweiten Schaltkontakte S2b des Doppelumschalters S2. Die gezeichnete Schalterstellung ist 100:1. Da die Umschaltung auf 50:1 die Verdoppelung der Ausgangsfrequenz zum Zweck hat, sind die Stellungen mit „x1" und „x2" bezeichnet.

An den Teiler durch 100 bzw. 50 schließt sich ein Binärteiler (1/2 4013) an, dessen Ausgangsfrequenz in dem nachfolgenden Potentiometer auf einen Pegel herabgesetzt wird, den das Filter MF 10 noch ohne Verzerrungen verarbeiten kann. Da dieser Pegel auch von der Güte des Filterkreises abhängt, sollte er jeweils individuell einstellbar sein.

Die Variation der Eingangsinformation der BCD-RM-Kette nehmen die BCD-Zähler 4029 vor. Die allen 3 ICs gemeinsamen Eingänge sind auch hier auf den links dargestellten Block bezogen. Die Laufrichtung des Zählers in der Frequenz ist über den Eingang V/$\overline{R}$ fest auf Vorwärts (Aufwärts) eingestellt. Grundsätzlich wäre auch ein Ablauf in umgekehrter Richtung, also von hohen nach tiefen Frequenzen, möglich. Dann ergäben sich jedoch Schwierigkeiten mit der Entladeschaltung im Tiefpaß für die X-Ablenkspannung. Sie müßte außer Betrieb genommen werden.

Denkbar ist auch eine fortlaufende Richtungsänderung dergestalt, daß sowohl von tiefen nach hohen Frequenzen als auch umgekehrt gewobbelt würde. Hierauf verzichtet man jedoch besser, weil bei Überschreiten der für das jeweilige Filter maximalen Wobbelgeschwindigkeit die abgebildete Kurve in Laufrichtung verzerrt wird. Dies hätte beim Wobbeln in beide Richtungen zur Folge, daß bereits zwei Kurven entstünden, wenn das Wobbeln etwas schneller als zulässig vorgenommen würde.

Die Wobbelgeschwindigkeit wird, wie bereits erwähnt, durch den Schalter S1 ausgewählt. Das Fehlen von Q11 bringt in einem Fall einen Stufungssprung von 4:1, statt normalerweise 2:1. Die Zeit für einen Wobbelüberlauf ergibt sich aus der Schalterstellung von S1. Sie umfaßt immer 1000 Impulse. Der Maximalwert beträgt daher

$$t = 1000 \cdot 2^{14} / 2\,\text{MHz} = 8{,}2\,\text{s}$$

und verringert sich bei jeder Rückschaltung in Richtung niedrigerer Q-Nummern auf den halben Betrag; eine Ausnahme ergibt sich durch das Fehlen von Q11.

Der Ausgang der RM-Kette liefert bereits die X-Ablenkspannung, die nur noch gemittelt (geglättet) werden muß. Dies geschieht in dem Tiefpaß 10 kΩ/10 nF und nach der Pufferung durch den Operationsverstärker 1/4 324 im Tiefpaß 22 kΩ/47 nF. Der Ausgangsverstärker gibt schließlich die X-Ablenkspannung niederohmig ab.

Die Ausgangsspannung sollte die Form eines Sägezahns aufweisen. Wegen der verzögernden Eigenschaften der Tiefpaßschaltung trifft das am Ausgang nicht mehr exakt zu. Mit steigender Wobbelgeschwindigkeit verringert sich daher der Hub der X-Ablenkspannung. Um das zu vermeiden, wurde das Monoflop MF an den Übertragsausgang des letzten (höchsten) Zählers 4029 geschaltet. Es erzeugt eine künstliche Verzögerung von ca. 0,5 ms. Über die Verbindung zum R-Eingang des Quarzoszillator- und Teiler-ICs 4060 wird so die Taktfrequenz abgeschaltet, wenn die Teilerkette den Übergang von 999 nach 000 vollzogen hat. Zusätzlich bewirkt der Transistor BC 237 (o.ä.) die schnelle Entladung des Kondensators 47 nF.

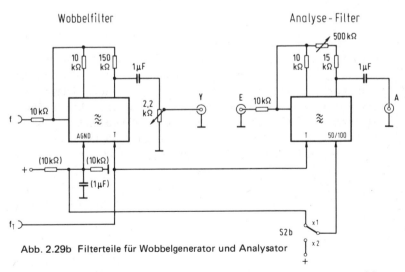

Abb. 2.29b Filterteile für Wobbelgenerator und Analysator

Die Schaltung weist noch eine Besonderheit auf. Die ICs 4029 der Teilerkette können voreingestellt (programmiert) werden, indem man die Preset Enable-Eingänge PE mit S7 nach H schaltet. In diesem Fall entspricht die Ausgangsfrequenz dem an den Codierschaltern S4 ... S6 eingestellten Wert. Der Wobbler arbeitet dann als digital einstellbarer Festfrequenzoszillator.

Für das Filter-IC wurde die Universalplatine nach Abb. 1.34 verwendet und ein Gütewert von etwa 15 gewählt. Die Filterbeschaltung zeigt *Abb. 2.29b*, wobei der zweite Filterteil zugleich für den Aufbau des im Abschnitt 2.13 beschriebenen Wobbelanalysators verwendet wird. Am Ausgang des Wobbelfilters liegt ein Potentiometer 2,2 kΩ. Es hat die Aufgabe, das Ausgangssignal herabzudämpfen. Kleiner als 2,2 kΩ sollte der Wert nicht gewählt werden, weil sonst eine Verzerrung der Ausgangskurvenform eintritt. Zum Anschluß niederohmiger Verbraucher ist daher noch ein Verstärker, z.B. einer der freien Operationsverstärker des 324 nachzuschalten.

Die Platinenvorlage für den Wobbler ist in *Abb. 2.30*, die Bestückungszeichnung in *Abb. 2.31* gezeigt. *Abb. 2.32* ist schließlich eine Ansicht des fertigen Gerätes. Vom IC 324 stehen noch zwei Operationsverstärker zur Verfügung. Um die etwaige Verwendung zu erleichtern, sind die Anschlüsse auf der Platine mit Lötaugen versehen worden.

An dieser Stelle soll für den versierteren Elektroniker noch eine Abwandlung des Wobbelgenerators nach Abb. 2.28a erwähnt werden, die das Verständnis des beschriebenen voraussetzt. Durch Verwendung von Binär-RM vom Typ 4089 läßt sich die Auflösung steigern und ein preiswerterer Uhrenquarz mit einer „krummen" Binärfrequenz einsetzen. Die Steuerzähler 4029 sind dazu in Binärbetrieb umzuschalten (Anschluß 9 nach $+U_B$). Die Einstellung der Frequenz durch einfache BCD-Codierschalter ist dann allerdings nicht mehr möglich.

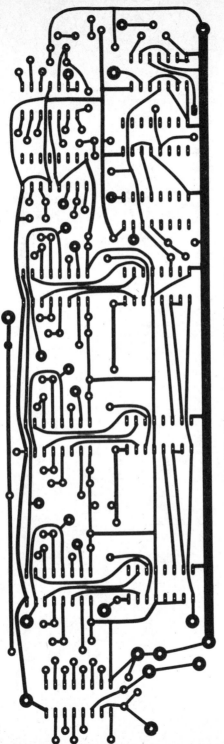

Abb. 2.30 Platinenvorlage des Wobbelgenerators

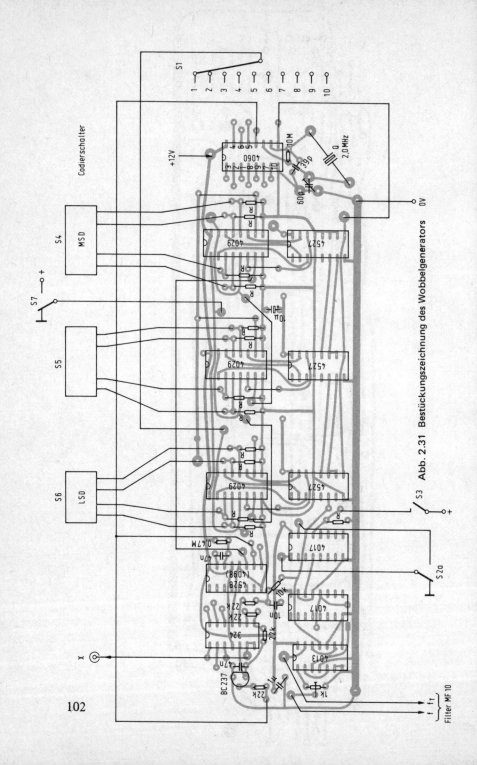

Abb. 2.31 Bestückungszeichnung des Wobbelgenerators

102

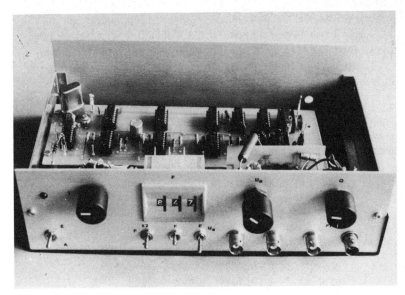

Abb. 2.32 Ansicht des Wobbelgenerators

2.13 Wobbelanalysator

Da nun der Wobbelgenerator bereits ein durchstimmbares Filter enthält, liegt es nahe, unter Verwendung dieses oder des zweiten Filters
des MF 10 einen Wobbelanalysator aufzubauen. In der Musterschaltung wurde hierzu das zweite MF 10-Filter eingesetzt. Da die Frequenz des Ausgangssignals vom Wobbelgenerator und die „Empfangs-
frequenz" des Wobbelanalysators immer gleich sind, muß bei Ana-
lysebetrieb der Wobbelgenerator abgeschaltet werden; anderenfalls
entstehen Interferenzen zwischen dem Signal des Wobbelgenerators
und dem am Eingang des Analysators.

Zwei wesentliche Parameter eines Wobbelanalysators, die verän-
derbar sein sollten, sind die Wobbelgeschwindigkeit und die Darstel-
lungs-Bandbreite. Erstere ist wie beim Wobbelgenerator einstellbar.
Für die Bandbreite gelten folgende interessante Zusammenhänge mit

Wobbelgeschwindigkeit und Gesamtwobbelbereich. Unterstellt man eine angenäherte Rechteckkurve für das Wobbelfilter (die bei diesem Analysator mit nur einem Einzelkreis natürlich nicht verwirklicht werden kann) mit der Bandbreite B, dann zerfällt der Gesamtwobbelbereich F in n Schritte der Breite B nach:

$$F = n \cdot B.$$

Jedes Filter besitzt die Neigung, sich dem Einschwingen auf ein gerade auftretendes Signal zu widersetzen. Daraus resultiert eine Einschwingverzögerung t (ebenso eine Ausschwingverzögerung), die mit abnehmender Bandbreite und steiler werdenden Flanken anwächst.

Auf die Bandbreite B bezogen resultiert daraus die Beziehung $t = K/B$, $K = $ Konstante und für die Überlaufzeit $T = n\,t$ wird so:

$$T = \frac{K}{B} \cdot \frac{F}{B} = \frac{K \cdot F}{B^2} \quad \text{(Salinger-Beziehung)}.$$

Die Überlaufzeit T steigt also quadratisch bei abnehmender Bandbreite B an.

Für die Praxis dürfte es ausreichen, diesen Zusammenhang qualitativ zu kennen, zumal weder die Konstante K noch der Einfluß der nicht-idealen Filtercharakteristik genau bekannt sind. Man behilft sich am einfachsten dadurch, daß ein frequenzkonstantes Signal auf den Analysatoreingang gegeben und die Wobbelgeschwindigkeit solange erhöht wird, bis eine merkliche Amplitudenabnahme und — damit gewöhnlich verbunden — eine Verzerrung der Kurvenform in Laufrichtung des Strahls auf dem Oszilloskopschirm eintritt.

Um den Wobbelanalysator an die jeweiligen Fälle anpassen zu können, ist auch die Bandbreite des Analysatorfilters über die Güte variabel gemacht worden. Wenn also eine hohe Auflösung gewünscht wird, sollten Güte und Wobbelzeit groß sein. In diesem Fall ist zusätzlich eine stark nachleuchtende Bildröhre vorteilhaft. Praktische Q-Werte für diesen Wobbelanalysator sollten zwischen 5 und 50 liegen.

Hinsichtlich der Frage, welche Filterform ein Analysator aufweisen sollte, gibt es verschiedene Philosophien. Eine flache Selektionskurve bewirkt, daß ein starkes Signal auf einer bestimmten Frequenz schwache Signale auf den Nachbarfrequenzen verdeckt. Vorteilhaft an dieser Kurve ist andererseits, daß sie schnelle Überläufe ermöglicht.

Wenn beispielsweise ein getrenntes Filter-IC MF 10 verwendet wird, so kann ein Filter normal betrieben und das andere geringfügig dagegen versetzt werden. Dann entsteht eine etwas steilere Durchlaßkurve mit höherer Selektion.

2.14 Echtzeitanalysator

Die Darstellung von Spektren mit dem Wobbelanalysator zeigt, daß die Forderungen nach schmalbandiger, amplituden- und frequenzgetreuer Wiedergabe und ausreichend hoher Wobbelgeschwindigkeit zur Erzeugung eines stehenden Bildes oft nicht miteinander zu vereinbaren sind. Der Ausweg ist der *Echtzeitanalysator*, dessen Prinzip *Abb. 2.33* veranschaulicht.

Von einem Eingangsverstärker wird parallel eine größere Zahl von Bandpaßfiltern angesteuert. Deren Ausgangssignale gelangen über einen elektronischen Vielfachschalter (Multiplexer) an das Oszilloskop. Eine Multiplex-Steuerung schaltet mit hinreichend hoher Geschwindigkeit von einem Filter zum nächsten und triggert den Überlauf des Oszilloskopstrahls oder erzeugt synchron die X-Ablenkspannung.

Da jedes Filter einem bestimmten Frequenzbereich fest zugeordnet ist, gibt die im Filter enthaltene Energie bzw. Ausgangsspannung in guter Näherung immer die Frequenzverteilung des Nf-Spektrums wieder. Allerdings ist auch der Aufwand der Schaltung wegen der großen Zahl von Filtern beträchtlich.

Zum Entwurf eines Echtzeitanalysators sind verschiedene Überlegungen anzustellen, die Zahl, Frequenzstufung und Güte der Filter betreffen. Man wird normalerweise bestrebt sein, mit möglichst wenigen Filtern auszukommen. Dann ist naturgemäß die Auflösung gering.

105

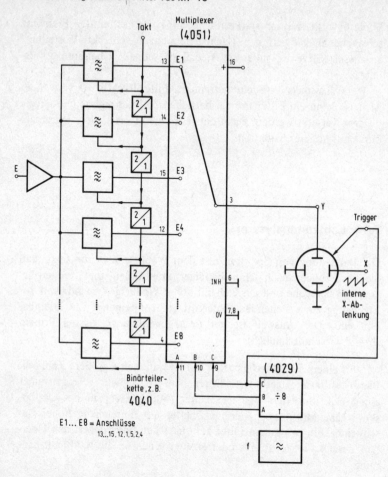

Abb. 2.33 Einfacher Echtzeitanalysator

Die Frequenzstufung der Filter kann linear oder logarithmisch sein. Eine lineare Stufung setzt Filter gleicher Bandbreite voraus. Ihre Güte muß also mit der Frequenz ansteigen. Zudem wird in der Darstellung dem Frequenzband von z.B. 7...8 kHz der gleiche Aufwand zugemessen, wie etwa dem für die Akustik aussagekräftigeren Bereich von 1...2 kHz. Während also eine Auflösung von 1 kHz bei 10 kHz angemessen sein kann, ist sie bei 1 kHz oder 2 kHz viel zu gering. Daher ist die Anwendung eines linear gestuften Echtzeitanalysators überwiegend auf die Meßtechnik beschränkt.

Eine logarithmisch gestufte Filterkette kann man so aufbauen, daß jedes Filter die doppelte Bandbreite des vorhergehenden besitzt. Die Gütewerte sind dann jeweils gleich. Jedes Filter umfaßt eine Oktave. Mit 8 Filtern (4 ICs MF 10) läßt sich so ein Echtzeitanalysator mit folgenden Frequenzbereichen realisieren:

50...100 Hz	0,8...1,6 kHz
100...200 Hz	1,6...3,2 kHz
200...400 Hz	3,2...6,4 kHz
400...800 Hz	6,4...12,8 kHz.

Die Filtergrenzen sind in bekannter Weise synchron zu verschieben und sollen hier nur als Anhaltspunkte gelten.

Die Verwendung von SC-Filtern macht den Aufbau recht einfach, da die Taktfrequenzen wie die Filterfrequenzen binär gestuft sein müssen und folglich von einer Binärteilerkette, ausgehend von einem einzigen Taktgenerator, erzeugt werden können.

Die Wahl des Gütewertes hängt außer von der Aufgabenstellung auch von der persönlichen Beurteilung ab. Eine niedrige Güte hat zur Folge, daß ein starkes Signal in irgendeinem Kanal des Echtzeitanalysators auch noch in den Nachbarkanalfiltern eine erhebliche Spannung hervorruft und dort schwächere Signale überdeckt. Daher wäre eine hohe Güte anzustreben. Dies hätte jedoch den Nachteil, daß Signale, die in den Übergangsbereichen der Filter liegen, also zwischen die Kanäle fallen, abgeschwächt wiedergegeben werden.
Hier muß also ein Kompromiß gefunden werden. Für ein Oktavfilter mit 3 dB Absenkung an den Frequenzgrenzen f_o und f_u errechnet sich die Güte nach

$$Q = \frac{\sqrt{f_o \cdot f_u}}{f_o - f_u}$$

und ergibt wegen $f_o = 2 \cdot f_u$

$$Q = \sqrt{2} = 1,4...$$

Ein derartiges Filter weist jedoch in jedem Fall eine zu geringe Trennung der Nachbarbereiche voneinander auf. Ein Q-Wert von vier trifft die durchschnittlichen Anforderungen schon eher.

Baut man einen Echtzeitanalysator mit den oben genannten Bereichsgrenzen und Q = 4 auf, so stellt man schnell fest, daß die Auflösung gerade ausreicht, um einen ungefähren Eindruck von der Verteilung des Sprach- bzw. Musikspektrums zu erhalten und auch beide, sowie weibliche und männliche Stimmen voneinander zu unterscheiden.

So wird man evtl. dazu übergehen, Halboktavfilter aufzubauen. Die Frequenzstufung ergibt sich dann aus dem Faktor $\sqrt{2} = 1{,}4{..}$ Die Güte ist zu verdoppeln. In der Praxis wählt man jedoch leichter eine Frequenzstufung von $1 : 1{,}5 : 2 : 3 : 4{,}5$ usw. Als Taktquelle kann dann die Schaltung nach Abb. 2.13 herangezogen werden.

Unabhängig davon, ob man Oktav- oder Halboktavfilter wählt, ist die Teilung der X-Achse logarithmisch, der Bereich von 50 bis 100 Hz hat die gleiche Darstellungsbreite wie der von 100 bis 200 Hz usw. Obwohl man sich zweifellos an diese Art der Abbildung gewöhnt, läßt sich die Frequenzachse linearisieren, indem — bei Aufteilung in 8 Oktavbereiche — die 3 Binärausgänge A, B und C, die den Multiplexer kontrollieren, auf einen Dekoder, z.B. 4028, geschaltet werden, dessen Ausgänge wiederum einen 8-Bit-D/A-Wandler steuern. Der Nachteil dieser Darstellungsweise ist nun dadurch gekennzeichnet, daß die Frequenzbereiche am unteren (linken) Ende stark gedrängt und am oberen gedehnt erscheinen. So nimmt die oberste Frequenzspanne allein die halbe Bildschirmbreite ein.

2.15 Spannungsgesteuertes Filter/Generator

Im Abschnitt „2.9 Anzeige der Filterfrequenz" wurde ein Frequenzdiskriminator beschrieben, der eine frequenzproportionale Ausgangsspannung liefert. Vergleicht man nun diese Spannung mit einem Soll-

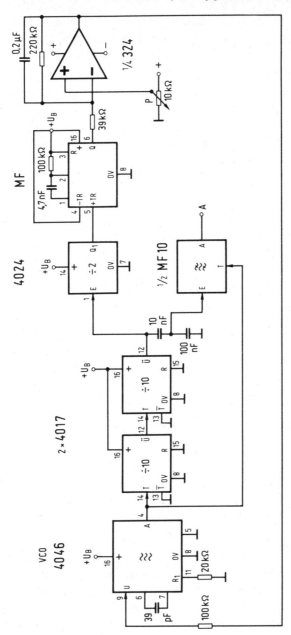

Abb. 2.34 Schaltbild des spannungsgesteuerten Filters

wert und regelt den Generator der Frequenz f immer automatisch nach, so entsteht ein spannungsgesteuertes Filter bzw. ein spannungsgesteuerter Generator, der bei Filterung des Rechtecksignals zudem eine Sinusspannung abgibt.

Abb. 2.34 zeigt die Schaltung. Als Generator arbeitet wieder ein VCO aus dem PLL-IC 4046. Die Generatorfrequenz reicht bis über 1 MHz. Folglich liegt die Frequenz am Ausgang des Filters bei gut 10 kHz. An den Teiler :100, der wie in den vorangegangenen Schaltungen aufgebaut ist, schließt sich noch ein Binärteiler an, der die Aufgabe hat, die Taktfrequenz für das Monoflop MF so weit herabzusetzen, daß die Flankenanstiegs- und Abfallzeiten, gemessen an der Periodendauer, nicht mehr ins Gewicht fallen. Der nachfolgende Integrator 1/4 324 führt den Vergleich des sich aus dem Tastverhältnis der MF-Impulse ergebenden Spannungsmittelwertes mit dem Sollwert des Potentiometers P so durch, daß beide immer gleich sind. Die Ausgangsspannung des Integrators steuert die Frequenz des VCO und schließt so die Regelschleife.

Eine Anwendung dieser Schaltung ist z.B. gegeben, wenn man auf einem Wechselstromweg ein Meßsignal, das zunächst als Gleichspannung vorliegt, übertragen will.

Darüberhinaus läßt sich die Schaltung auch als spannungsgesteuertes Filter einsetzen. Die Ungenauigkeit des Zusammenhangs zwischen Spannungssollwert und Frequenz beträgt einige Prozent. Sie hängt von der Verstärkung des Integrators sowie der Genauigkeit und Stabilität der Monoflop-Schaltzeit ab.

2.16 Nachlauffilter

In manchen Fällen hat es der Elektroniker oder Nachrichtentechniker mit Signalen zu tun, deren Frequenz nicht konstant ist, die z.B. wegen ihrer geringen Nutzamplitude von einem Filter immer und automatisch erfaßt werden müssen. Dann setzt man z.B. ein Nachlauffilter

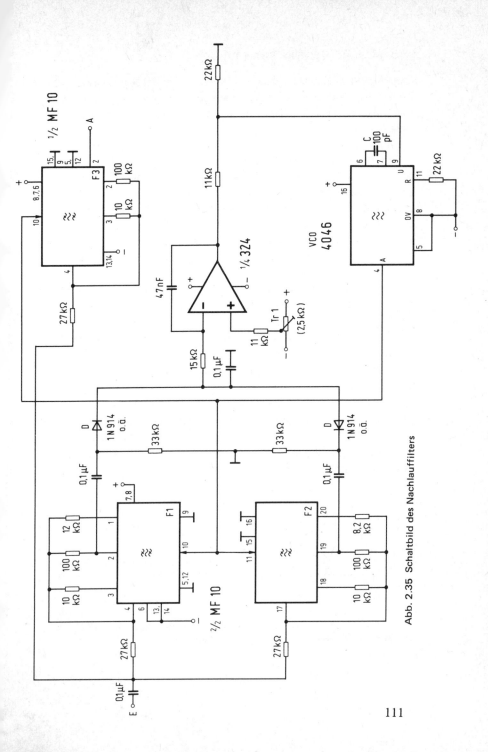

Abb. 2.35 Schaltbild des Nachlauffilters

111

(tracking filter) ein, das – nachdem es einmal auf das Signal eingestellt worden ist – der sich ändernden Signalfrequenz in bestimmten Bereichen folgt. Eine entsprechende Anwendung gibt es z.B. im Zusammenhang mit der schmalbandigen Verfolgung von Satellitensignalen, deren Frequenz sich, durch den *Dopplereffekt* bedingt ändert.

Das Prinzip eines derartigen Filters ist auch in den *AFC*-Schaltungen von Rundfunkempfängern verwirklicht. Zwei im Zf-Bereich liegende Kreise sind geringfügig gegen den Zf-Mittenwert (10,7 MHz) verstimmt. Ihre Ausgangsspannungen werden so gleichgerichtet, daß entgegengesetzte Gleichspannungen entstehen. Eine gebräuchliche Bezeichnung für diese Schaltung ist *Ratiodetektor (Verhältnisgleichrichter)*. Ähnlich ist die hier eingesetzte Schaltung nach *Abb. 2.35* aufgebaut.

Die beiden Filter eines ICs MF 10 werden mit derselben Taktfrequenz abgestimmt. Ihre Frequenzen sind zusätzlich unter Anwendung der Grundschaltung 4 um etwa + 10 % bzw. – 10 % gegen die Mittenfrequenz versetzt. Die obere Schaltung arbeitet bei $f_T/110$, die untere bei $f_T/91$. Beide Güten liegen bei etwa 10.

Die realisierten Resonanzkurven zeigt *Abb. 2.36a*. Die Nf-Ausgangsspannungen werden über die 0,1-μF-Kondensatoren ausgekoppelt und durch die 33-kΩ-Widerstände auf 0 V „zentriert". Die Schaltrichtung der sich anschließenden Dioden bewirkt nun, daß das obere Filter (niedrige Frequenz) eine positiv gleichgerichtete und das untere Filter eine negativ gleichgerichtete Spannung liefern. Die Addition beider Spannungen ergibt dann einen Verlauf, wie ihn *Abb. 2.36b* zeigt.

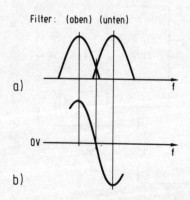

Filter: (oben) (unten)

a)

Abb. 2.36a Resonanzverlauf der beiden Bandpaßfilter in der Nachlaufschaltung

0 V

b)

b) Resultierende Ausgangsspannung der Nachlaufschaltung

Im Bereich zwischen dem positiven und dem negativen Maximum liegt ein annähernd lineares Gebiet, das zur Frequenznachregelung ausgenutzt werden kann. Dabei ist weniger die Linearität als der monotone Verlauf wichtig.

Es schließt sich ein Integrator an, der die Siebung der Nf-Wechselspannung vornimmt. Über den Widerstand 11 kΩ wird die Regelspannung an den Frequenzsteuereingang des VCO 4046 geführt. Da die Verhältnisse am Diskriminator bei Verlassen des Arbeitsbereichs nicht mehr eindeutig sind, wird zusätzlich eine feste Spannung (halbe Betriebsspannung des VCO) über den Widerstand 22 kΩ an diesen Eingang gelegt.

Die Filterschaltung folgt in dieser Ausführung einem Eingangssignal von > 200 mV (Effektivwert) im Bereich zwischen 1,4 und 4,6 kHz nach vorheriger Handeinstellung. Andere Frequenzbereiche werden durch den Kondensator C des VCO festgelegt. Die Zeitkonstante des Integrators vermindert die Nachlaufgeschwindigkeit der Schaltung.

Der Regelvorgang läßt sich anhand Abb. 2.36b erläutern. Wenn sich ein Signal in der Mitte zwischen den Maxima der Diskriminatorkreise befindet, liegt die Ausgangsspannung bei 0 V. Erhöht sich die Signalfrequenz, so sinkt die Ausgangsspannung am Summierpunkt der Dioden. Folglich steigt die Integrator-Ausgangsspannung an. Die VCO-Frequenz erhöht sich daraufhin soweit, bis die Spannungen an den Integratoreingängen wieder gleich sind.

Hier besteht eine Abgleichmöglichkeit. Ist die Spannung am nichtinvertierenden Eingang > 0, so stellt sich eine entsprechend positive Spannung am Summierpunkt der Dioden ein. Die Signalfrequenz, der das Filter nachläuft, liegt also näher am niederfrequenten Filter als an dem anderen.

Die Funktion der Nachlaufschaltung läßt sich gut mit einem zusätzlichen Bandpaßfilter (F3) verfolgen, das auf derselben Taktfrequenz gesteuert wird. Über den gesamten Regelbereich, also zwischen den Höckern der Kurve Abb. 2.36a, muß auch dieses Filter der Signalfrequenz folgen. Der Abgleich wird mit dem Trimmer Tr1 so vorgenommen, daß das Ausgangssignal von Filter F3 ein Maximum annimmt.

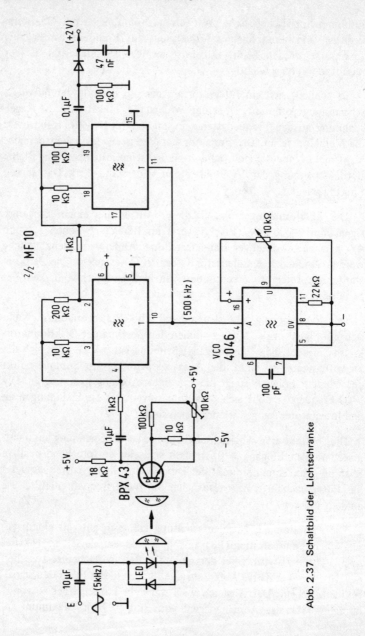

Abb. 2.37 Schaltbild der Lichtschranke

Es sind nun Fälle denkbar, in denen das Steuersignal für das Nachlauffilter gemeinsam mit anderen Frequenzen, z.B. einem Sprachband, übertragen wird. Dann kann eine Bandsperre (Notch) dieses Steuersignal unterdrücken und das Sprachband steht ungestört zur Verfügung.

2.17 Lichtschranke

Abb. 2.37 zeigt als eine weitere Anwendung des MF 10 eine Lichtschrankenschaltung. Um eine Lichtschrankenverbindung gegen Fremdlicht oder Störungen zu sichern, überträgt man bekanntlich besser ein moduliertes Lichtsignal, das man dann auf der Empfangsseite einer schmalbandigen Filterung unterzieht.

Als Sender arbeitet hier eine gewöhnliche rote Leuchtdiode, die von einer 5-kHz-Wechselspannungsquelle angesteuert wird. Zur Erhöhung der Abstrahlung ist das Sende-LED mit einer einfachen Optik versehen. Der als Empfänger eingesetzte Fototransistor BPX 43 besitzt eine aufmontierte Linse.

Die Arbeitspunkteinstellung wird am Trimmer 10 kΩ auf maximale Ausgangswechselspannung vorgenommen.

Das Filter verwendet beide Teilschaltungen des ICs MF 10. Die Schaltung weist keine Besonderheiten auf. In der Musterschaltung betrug die Ausgangswechselspannung des zweiten Filters 6 Vss bei 1 m Lichtschrankenstrecke. Zum Auslösen weiterer Signale wird diese Spannung gleichgerichtet und ergibt im erwähnten Fall eine Gleichspannung von 2 V, die nachfolgende Logikschaltungen ansteuern kann.

3 Weitere integrierte SC-Filter-Schaltungen

Auslöser für den Aufschwung in der Entwicklung und Fertigung der SC-Filter war u.a. die Nachrichtenindustrie, die in großer Zahl integrierte Nf-Filter zu niedrigem Stückpreis benötigt. Schrittmacher hierfür ist z.B. der Trend der letzten Jahre, Nachrichten nicht mehr in ihrer analogen Ursprungsform, sondern als Digitalsignale zu übertragen. Der Vorteil digitaler Übertragungsverfahren besteht vor allem in der Möglichkeit, die Digitalsignale leicht zu regenerieren. Den Nachteil des erhöhten Bandbreitebedarfs nimmt man meist in Kauf.

Die digitale Übertragung von Telefongesprächen erfolgt in Form von PCM-Signalen. Hierzu muß das zu übertragende Tonsignal abgetastet *(Puls)* und in einem Analog-Digital-Wandler in einen Digitalwert umgewandelt *(codiert)* werden.

Da die Zahl der Abtastungen die spätere *„Datenflußmenge"* *(Bitstrom)* bestimmt und beide proportional zueinander stehen, nimmt man zur Beschränkung der erforderlichen Bandbreite eine Begrenzung der Abtastrate vor. Da das *Shannon-Theorem* die zweimalige Abtastung jeder, auch der höchsten Nf-Schwingung verlangt, um nach der Übertragung das ursprüngliche Signal rekonstruieren zu können, und weil zusätzlich im Tonfrequenzbereich bis 4 kHz bereits die wesentlichen Informationen enthalten sind, wurde international für das Telefonnetz eine Abtastrate von 8 kHz und damit eine maximale Tonfrequenz von 4 kHz festgelegt.

Zur Vermeidung von Faltungen um die relativ niedrig liegende Taktfrequenz muß das Tonfrequenzsignal vor der Abtastung auf maximal 4 kHz begrenzt werden.

3.1 PCM-Filter-ICs von Motorola

Für diesen Zweck verwendet man integrierte Tiefpaßfilter mit geschalteten Kapazitäten, wie z.B. den Motorola-Typ MC 14414. Dieses
IC hat inzwischen einen Nachfolger gefunden, der mehr für allgemeine
Anwendungen gedacht, mit dem ersten jedoch pingleich ist. Er trägt
die Bezeichnung MC 145414.

Abb. 3.1 zeigt das Blockbild des ICs. Es enthält zwei Tiefpaßfilter, die beide mit dem gemeinsamen Takt T1 = T2 abgestimmt werden. (Diese Eigenschaft ist als Rudiment des Vorgängers anzusehen,
der zwei getrennte Takteingänge für die Filterung und die synchrone
Weitergabe der gefilterten Sprachinformationen an den A/D-Wandler
hatte.)

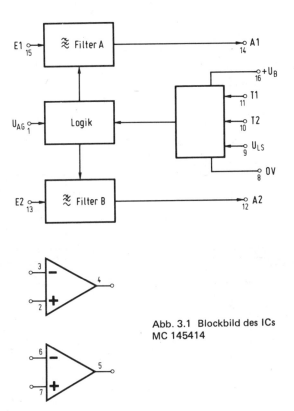

Abb. 3.1 Blockbild des ICs
MC 145414

117

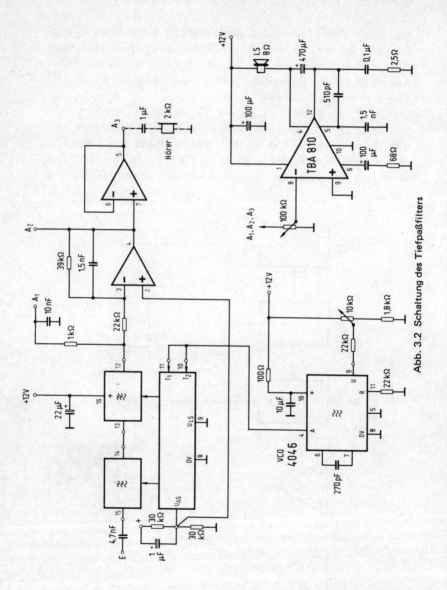

Abb. 3.2 Schaltung des Tiefpaßfilters

Beide Filter sind 5polige Tiefpaßfilter. Das Verhältnis f_T/f beträgt 35,6. Filter A hat eine Verstärkung von 18 dB, bei Filter B sind Ein- und Ausgangsspannung gleich. Die maximale Taktfrequenz kann 400 kHz betragen, das Tastverhältnis soll sich zwischen 40 und 60 % bewegen.

Das IC ist CMOS-kompatibel, es kann bis zu einer Betriebsspannung von 18 V eingesetzt werden. Die Spannung U_{AG} ist jeweils der halbe Wert.

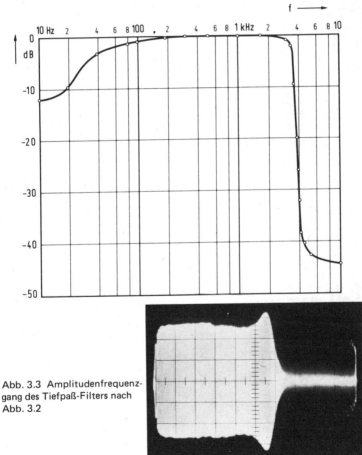

Abb. 3.3 Amplitudenfrequenzgang des Tiefpaß-Filters nach
Abb. 3.2

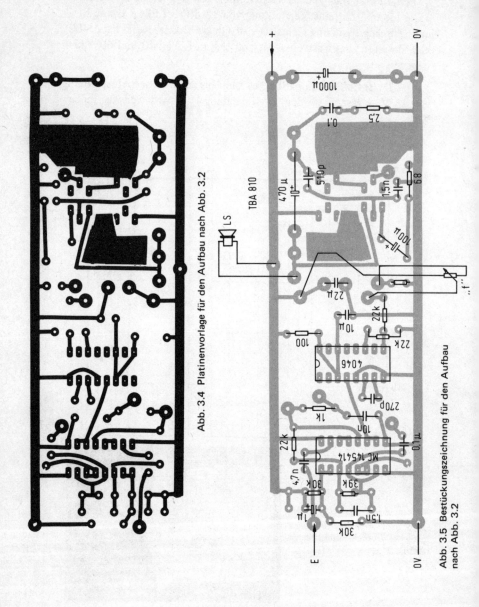

Abb. 3.4 Platinenvorlage für den Aufbau nach Abb. 3.2

Abb. 3.5 Bestückungszeichnung für den Aufbau nach Abb. 3.2

Der Eingang U_{LS} legt die Taktpegelart fest. $U_{LS} = 0$ V für CMOS-
und $U_{LS} = U_B/2$ für TTL-Pegel. Mit $U_{LS} = +U_B$ schaltet das IC in den
Ruhebetrieb. Die Stromaufnahme geht dann von normalerweise 2 mA
auf weniger als 0,1 mA zurück.

Das IC beinhaltet zusätzlich zwei freie Operationsverstärker, die
für andere Zwecke (aktive Filter, Verstärker) zur Verfügung stehen.

Abb. 3.2 zeigt, wie das IC zum Aufbau einer sehr wirksamen Tief-
paßfilterschaltung, gemeinsam mit dem Taktgenerator 4046 und dem
Nf-Verstärker TBA 810 verwendet werden kann. Besonderheiten weist
die Schaltung nicht auf. Einer der integrierten Operationsverstärker
wird als aktives Tiefpaßfilter zur Unterdrückung der Taktfrequenz, der
andere als Puffer verwendet. Der Frequenzgang ist in *Abb. 3.3* in linearer Teilung für die Frequenz- und die Amplitudenachse wiedergegeben. Die maximale Sperrdämpfung überschreitet 40 dB. *Abb. 3.4* ist
die Platinenvorlage, *Abb. 3.5* die Bestückungszeichnung. *Abb. 3.6* ist
eine Ansicht des Mustergeräts.

Dem Bedarf nach SC-Filtern für allgemeine Anwendungen tragen
weitere IC-Entwicklungen Rechnung. So enthält das IC *MC 145431*

Abb. 3.6 Auf-
nahme des PCM-
Filters nach
Abb. 3.2 (ohne
Nf-Verstärker)

ein 7poliges Tiefpaßfilter, ein 4poliges Bandpaßfilter und zwei (fast frei) verfügbare Operationsverstärker. *Abb. 3.6* zeigt das Blockbild des ICs (in Klammern die Belegungen von *MC 145433* und *MC 145434*) sowie die notwendige Beschaltung.

Die Betriebsspannungen betragen $+/- 5$ V ... $+/- 8$ V. Auf die Möglichkeit, auch eine einfache Betriebsspannung zu verwenden, sei hier nur hingewiesen. Die Spannung des Eingangs U_{AG} muß dann auf die halbe Betriebsspannung gelegt werden.

Der Taktwahl-Eingang (TW) bestimmt mit seinem Potential die Betriebsart. Man unterscheidet drei Fälle, die die *Tabelle 3.1* für die Schaltfrequenz f_s, die Bandpaßmittenfrequenz f und die Grenzfrequenz f_g des Tiefpaßfilters, sowie die Frequenz f_A des Taktausgangs in Abhängigkeit von f_T und Betriebsart veranschaulicht.

Tabelle 3.1

TW (Pin 6)	Taktgen.	interne Schaltfrequ. f_s	BP-Frequ. f	TP-Frequ. f_g	Taktausg. f_A
$+ U_B$	extern	f_T	$f_T/33,46$	$f_T/37,64$	f_s
U_{AG} (0V)	Quarz	$f_T/28$	$f_T/937,9$	$f_T/1055$	f_s
$- U_B$	extern	$f_T/16$	$f_T/535,4$	$f_T/602,4$	f_s

Im Fall der externen Taktsteuerung hängt die Pegelart vom Zustand des Logic shift-Eingangs E_{LS} ab. $+ U_B$ gilt für CMOS-Pegel, eine Spannung kleiner als $(+U_B - 4$ V$)$ für TTL-Pegel. Das trifft in gleicher Weise auch für den Taktausgang TA zu.

In der Betriebsart „Quarz" kann nach Abb. 3.6 ein Quarz angeschlossen werden, der dann mit der inneren Oszillatorschaltung schwingt. Der 10-MΩ-Wiederstand dient durch Gegenkopplung zur Arbeitspunkteinstellung des Oszillators. Die Kondensatoren 20 pF erlauben die Feinabstimmung der Oszillatorfrequenz. Empfohlene Quarzfrequenzen liegen zwischen 1 und 4 MHz. Eine Variation von

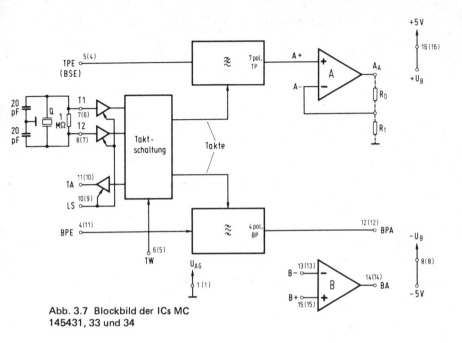

Abb. 3.7 Blockbild der ICs MC 145431, 33 und 34

Filterfrequenz f bzw. Grenzfrequenz f_g ist im Quarzbetrieb nicht möglich.

Der Tiefpaßausgang ist, wie Abb. 3.7 ebenfalls zeigt, nicht direkt zugänglich. Der Operationsverstärker A arbeitet als Puffer, wenn die Anschlüsse A0 und A– miteinander verbunden werden. In bekannter Weise kann auch durch Beschaltung mit Widerständen (R_o, R_1) ein Verstärker erstellt werden.

Die Filter-ICs MC 145433 und MC 145434 weisen einen ähnlichen Aufbau auf. Anstelle des Tiefpaßfilters enthalten sie eine 6polige Bandsperre (Notch). Das 4polige Bandpaßfilter ist jeweils beibehalten worden. In der Pinbelegung gibt es einige Unterschiede. Die Anschlüsse für die IC-Varianten ...33 und ...34 sind in Abb. 3.7 in Klammern eingetragen.

Der wesentliche Unterschied der beiden Varianten besteht darin, daß beim ...33 die Steuerung beider Filter mit verschiedenen Taktfrequenzen möglich ist.

123

3.2 Das digital einstellbare Filter R 5620

Im Gegensatz zum Filtertyp MF 10 erlaubt das IC R 5620 der Fa. Reticon die *digitale Einstellung* der Filterkenngrößen Resonanzfrequenz und Güte, und zwar unabhängig voneinander.

Das IC enthält ein einzelnes Filter 2. Ordnung auf der Basis geschalteter Kapazitäten. Es lassen sich die bekannten 5 Filtertypen realisieren: Tiefpaß, Hochpaß, Bandpaß, Bandsperre und Allpaß. In *Abb. 3.8* sind Blockschaltbild und Anschlußbelegung wiedergegeben.

Den jeweils gewünschten Filtertyp legt man durch Wahl des entsprechenden Eingangs fest. In *Tabelle 3.2* sind die Varianten zusammengestellt.

Tabelle 3.2

Filtertyp	TP-Eingang	HP-Eingang	BP-Eingang
TP	E	0 V	0 V
HP	0 V	E	0 V
BP	0 V	0 V	E
BS	E	E	0 V
AP	E	E	E

E bedeutet jeweils: verwendeter Eingang.

Die Auswahl von Resonanz- bzw. Grenzfrequenz und Güte Q erfolgt durch Festlegung der Zustände an den Digitaleingängen F0...F4 und Q0...Q4. Der H-Zustand entspricht dabei $+U_B$, der L-Zustand 0 V oder $-U$. F4 und Q4 sind die höchstwertigen Eingänge (MSB).

Die Frequenzvariation wird wie bei allen Schalterfiltern durch die Taktfrequenz f_T bzw. im Verhältnis zu ihr vorgenommen. Der Bereich f_T/f umfaßt beim R 5620 die Spanne 50...200 in 32 Schritten (5 Bit). Das Verhältnis f_{max}/f_{min} ist also 4. Einzelheiten gibt *Tabelle 3.3* wieder.

Die Stufung von f_T/f ist logarithmisch, d.h. jede Frequenz unterscheidet sich von der vorhergehenden um denselben Faktor $\sqrt[31]{4} = 1{,}046$ oder 4,6 %.

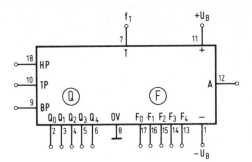

Abb. 3.8 Blockbild und
Anschlußbelegung des
digital einstellbaren SC-
Filter-ICs R 5620

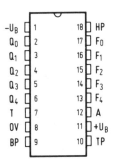

Die Güte Q ist ebenfalls in 32 Stufen variabel zwischen Q = 0,57 und Q = 150 einstellbar. Ihre Stufung ist ungleichmäßig; die logarithmischen Werte wurden in einigen Fällen gerundet. Der Wert Q = 0,71 ist für Tief- und Hochpaßfilter mit absolut ebenem Durchlaßbereich vorgesehen.

Die Betriebsspannungen $+U_B$ und $-U_B$ können sich zwischen +/– 4 V und +/– 11 V bewegen. Die Stromaufnahme liegt bei 4,5 mA. Die Eingangswiderstände der Filter betragen über 1 MΩ, der dynamische Ausgangswiderstand etwa 10 Ω.

Zur Taktversorgung genügen kurze Impulse (> 200 ns), weil im IC noch eine Frequenzteilung durch 2 vorgenommen wird und dabei ein Taktsignal mit dem Tastverhältnis 1 : 1 entsteht. Die interne Taktfrequenz ist daher $f_T/2$. Sie ist auch im Ausgangssignal (schwach) enthalten.

125

Tabelle 3.3

Code F0...F4 Q0...Q4	Code- wert	f_T/f	Q
LLLLL	0	200,0	0,57
LLLLH	1	191,3	0,65
LLLHL	2	182,9	0,71
LLLHH	3	174,9	0,79
LLHLL	4	167,2	0,87
LLHLH	5	159,9	0,95
LLHHL	6	152,9	1,05
LLHHH	7	146,2	1,2
LHLLL	8	139,8	1,35
LHLLH	9	133,7	1,65
LHLHL	10	127,9	1,95
LHLHH	11	122,3	2,2
LHHLL	12	116,9	2,5
LHHLH	13	111,8	3,0
LHHHL	14	106,9	3,5
LHHHH	15	102,3	4,25
HLLLL	16	97,8	5,0
HLLLH	17	93,5	5,8
HLLHL	18	89,4	7,2
HLLHH	19	85,5	8,7
HLHLL	20	81,8	10,0
HLHLH	21	78,2	11,5
HLHHL	22	74,8	13,0
HLHHH	23	71,5	15,0
HHLLL	24	68,4	17,5
HHLLH	25	65,4	19,0
HHLHL	26	62,5	23,0
HHLHH	27	59,8	28,0
HHHLL	28	57,2	35,0
HHHLH	29	54,8	40,0
HHHHL	30	52,3	80,0
HHHHH	31	50,0	150,0

Die garantierten Werte für den Taktfrequenzarbeitsbereich betragen 10 Hz...1,25 MHz und für die Filterfrequenz 0,05 Hz...25 kHz. In der Praxis sind die Grenzen weiter, allerdings mit eingeschränkter Konstanz für das Verhältnis f_T/f sowie für die Güte Q. Bei hohen Takt- und Filterfrequenzen (oberhalb der garantierten Werte) sind hohe Güten nicht mehr ausnutzbar; es tritt Selbsterregung ein.

Die Anwendungen dieses Filters liegen naturgemäß dort, wo die Einstellung digital, z.B. mikroprozessorgesteuert, vorgenommen werden muß. Obwohl der jeweilige Filtertyp gewöhnlich nicht verändert werden muß, kann auch dies auf digitale Weise geschehen, indem die drei IC-Eingänge über drei bidirektionale Schalter (z.B. 4066) mit der Signalquelle verbunden werden. Dann ist ein volldigitaler Betrieb möglich. Ggf. muß f_T durch einen Synthesizer erzeugt werden.

Die Filtereigenschaften des R 5620 entsprechen weitgehend denen des MF 10, wobei die Realisation von Filtern mit dem MF 10 preisgünstiger sein kann, weil es bei etwa gleichen Kosten zwei 2polige Filter enthält. Für rein analoge Einstellungen eignet sich das R 5620 weniger gut. Die unabhängige Auswahl von Filterfrequenz f und Güte Q ist allerdings von Vorteil.

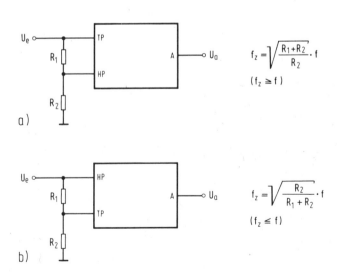

$$f_z = \sqrt{\frac{R_1 + R_2}{R_2}} \cdot f$$

$$(f_z \geq f)$$

$$f_z = \sqrt{\frac{R_2}{R_1 + R_2}} \cdot f$$

$$(f_z \leq f)$$

Abb. 3.9 Kontinuierliche Frequenzvariation bei Bandsperre-Schaltung

Tabelle 3.2 zeigt, daß eine Bandsperre entsteht, wenn Hoch- und Tiefpaß-Eingang parallelgeschaltet und gemeinsam gespeist werden. Führt man einem der beiden Eingänge jedoch ein abgeschwächtes Signal nach *Abb. 3.9* zu, so entsteht ein Filter, das überwiegend ein Hochpaß- *(Abb. 3.9a)* oder Tiefpaßverhalten *(Abb. 3.9b)* zeigt, und auf der Frequenz f_Z sperrt. f ist in den Beziehungen für f_Z diejenige Filterfrequenz, die sich aus den codierten Werten der Tabelle 3.3 ergibt. Ein Potentiometer anstelle der Festwiderstände R_1 und R_2 ermöglicht die kontinuierliche Verstellung von f_Z. Zu beachten ist, daß im Fall (a) f_Z immer größer als bzw. gleich f ist und es sich im Fall (b) umgekehrt verhält. Dieses Filter nennt man elliptisches Tief- bzw. Hochpaßfilter (die Nullstellen liegen auf der imaginären Achse).

Die Erzeugung von Nf-Sinusspannungen ist mit diesem Filter-IC leichter als mit dem MF 10 möglich, weil das Verhältnis von Takt- zu Filterfrequenz nicht konstant 100 oder 50 ist, sondern in 32 Stufen über einen Bereich von 4 : 1 gewählt werden kann. Wenn die Güte nicht zu hoch wird, zur Ausfilterung der Oberwellen genügt ein Wert von größenordnungsmäßig 10, dann überlappen sich die Filter weit genug. Da die Stufung der Filterfrequenzen 4,6 % beträgt, würde eine Güte von 1/(4,6 %) = 22 bewirken, daß bei den Überlappungsfrequenzen eine Dämpfung von gerade 3 dB auftritt.

Beispiel: Es ist ein abstimmbarer Sinusgenerator aufzubauen, dessen Ausgangsfrequenz immer 1/31 der Taktfrequenz ist. Dieser Takt soll zusätzlich als Digitalsignal zur Verfügung stehen.

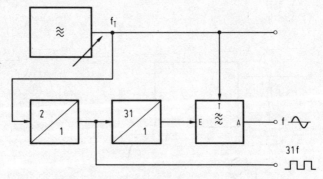

Abb. 3.10 Sinusgenerator mit R 5620

Ein Taktgenerator G steuert den Takteingang des Filters an. Da es das Verhältnis 31 für f_T/f in der Tabelle 3.3 nicht gibt, wählt man z.B. den doppelten Wert, also 62 und führt die Schaltung nach *Abb. 3.10* aus. Mit dem Code F0...F4 = HHLHL wird der Teilerwert 63 recht gut erreicht.

3.3 Weitere SC-Filter-ICs von National Semiconductor

Zur Erweiterung und Vervollständigung der Reihe der SC-Filter hat National Semiconductor ebenso wie Motorola einige zusätzliche ICs herausgebracht. Dies sind bisher:

MF 5, das auf einem 14poligen Chip die Funktionen eines einzelnen Filters 2. Ordnung enthält. Hinzu kommt die Logikschaltung. Das IC entspricht etwa einem halben MF 10, verfügt darüberhinaus noch über einen Operationsverstärker, dessen nichtinvertierender Eingang mit AGND verbunden ist.

Das IC *MF 4* enthält einen Butterworth-Tiefpaß 4. Ordnung in einem DIL-Gehäuse mit nur 8 Anschlüssen. Die Betriebsspannung kann 4...14 V betragen. Das IC ist in zwei Versionen verfügbar: Als MF 4–50 und MF 4–100. Die Zahl hinter dem Strich steht für das vom Hersteller fest vorgegebene Verhältnis von Takt- zu Filterfrequenz. Ein integrierter Taktoszillator ermöglicht die Taktversorgung durch eine externe RC-Kombination. Fremdansteuerung ist ebenfalls möglich.

Der Bereich der Tiefpaß-Grenzfrequenz kann von 0,1 Hz...20 kHz (MF 4–50) bzw. 0,1 Hz...10 kHz (MF 4–100) variiert werden. Das Verhältnis U_A/U_E ist im Durchlaßbereich konstant 1.

Das IC *MF 6* beinhaltet ein 6poliges Tiefpaßfilter und zwei Operationsverstärker in einem DIL-Gehäuse mit 14 Anschlüssen. Es ist ebenfalls in zwei Versionen erhältlich. Die Daten entsprechen weitgehend denen des MF 4.

Das IC *MF 10–16* ist eine Abwandlung des bewährten MF 10. Die „16" gibt an, daß das IC nur über 16 Anschlüsse verfügt (MF 10: 20), und folglich auch eine geringere Flexibilität aufweist. So können beide Teilfilter immer nur mit derselben Taktfrequenz gesteuert werden und einer der S-Anschlüsse ist fest mit AGND verbunden. Zudem sind die gleichnamigen Anschlüsse der Digital- und der Analogversorgung zusammengefaßt.

Zum Abschluß sei darauf hingewiesen, daß zur Zeit laufend neue SC-Filter auf dem Markt erscheinen, die z.T. ähnliche Eigenschaften aufweisen bzw. sogar kompatibel sind. Der Hauptanwendungsbereich liegt dabei, wie eingangs beschrieben, auf dem Sektor der kommerziellen Nachrichtentechnik.

4 Die Eimerkettenleitung und ihre Anwendungen

4.1 Die Funktion der Eimerkettenleitung

Eimerkettenleitungen (EKL) gehören zwar wie die SC-Filter zur Klasse der *Ladungsträger-Transfer*-Bausteine *(Charge Transfer Devices, CTD)*, arbeiten jedoch nach einem anderen Prinzip. Sie weisen eine Kette

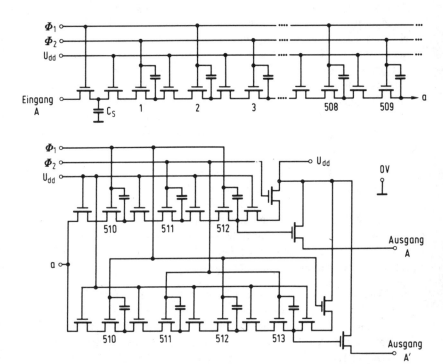

Abb. 4.1 Im Aufbau der EKL SAD 1024 ist die Erzeugung des Gegentakt-Ausgangs durch die 513. Stufe erkennbar. Ein IC enthält zwei dieser ICs; nach /A1/

von kleinen integrierten Kapazitäten auf, die durch elektronische Schalter miteinander verbunden sind.

Abb. 4.1 zeigt den Aufbau der hier verwendeten EKL SAD 1024 von Reticon. SAD steht für *Serial Analog Delay*, also etwa *Reihenschaltung analoger Verzögerungsglieder*. Die Bezeichnung Eimerkettenleitung rührt her vom amerikanischen *Bucket Brigade Device (BBD)*, in Anlehnung an den Begriff der Feuerlösch-Brigade, die gefüllte Wassereimer weiterreicht. Die EKL SAD 1024 enthält gleiche Leitungen mit je 512 dieser analogen Verzögerungsglieder (-zellen). Ein anderer Name für die EKL ist übrigens *analoges Schieberegister*.

Im oberen Teil von Abb. 4.1 ist eine Reihe von MOS-Transistorschaltern und Kapazitäten erkennbar. Die Steuerung der Transistoren nehmen die mit $\Phi 1$ und $\Phi 2$ bezeichneten Leitungen vor, die − wie dargestellt − an die Gates der Transistoren geführt sind. Die Zustände $\Phi 1$ und $\Phi 2$ sind gegenphasig, d.h. wenn $\Phi 1$ auf H (z.B. + 15 V) liegt, dann ist $\Phi 2$ = L (0 V) und umgekehrt. Die Umschaltung beider Leitungen zwischen diesen Zuständen erfolgt mit dem *Schiebetakt*. Als Erzeuger dieses *Zweiphasentaktes* arbeitet gewöhnlich ein Flipflop. Die EKL-Takteingänge $\Phi 1$ und $\Phi 2$ werden mit den Flipflop-Ausgängen Q und $\bar{Q}$ verbunden. Andere Bezeichnungen für $\Phi 1$ und $\Phi 2$ sind daher auch Φ und $\bar{\Phi}$. In diesem Abschnitt werden beide Bezeichnungen verwendet.

Mit $\Phi 1$ = H wird der Eingangstransistor leitend und lädt die Kapazität C_s auf das Potential des Eingangs E. Am Eingang liegt das der Vorspannung (ca. 6 V) überlagerte Wechselspannungssignal. Am Ende der Phase $\Phi 1$ = H sperrt der Eingangstransistor und mit $\Phi 2$ = H wird nun der 1. Transistor der Kette leitend. Es fließt ein Ausgleichsstrom von $\Phi 2$ = H über beide Kapazitäten nach $\Phi 1$ = L. Unter normalen Bedingungen übernimmt C1 die Ladung von C_s.

Beim nächsten Taktwechsel ($\Phi 1$ = H, $\Phi 2$ = L) beginnt T2 zu leiten, während T1 die Kapazität C1 von C_s abtrennt. C2 erhält das Signal von C1 übertragen und C_s wird wieder an die Eingangsspannung gelegt. Auf diese Weise wandert die Ladung mit jeweils einem Taktwechsel (1 Halbperiode) um eine Stufe weiter in die Leitung hinein.

Es handelt sich hierbei also nicht um ein einfaches Verbinden von zwei Kapazitäten (Parallelschalten), bei dem maximal die halbe Ladung

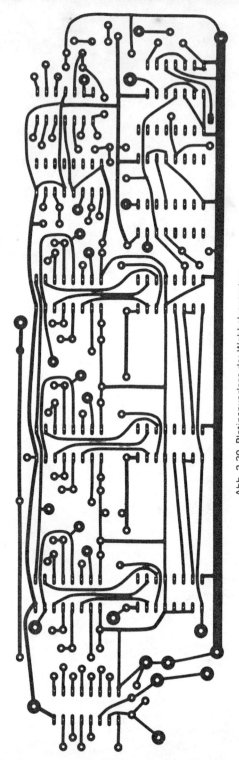

Abb. 2.30 Platinenvorlage des Wobbelgenerators

101

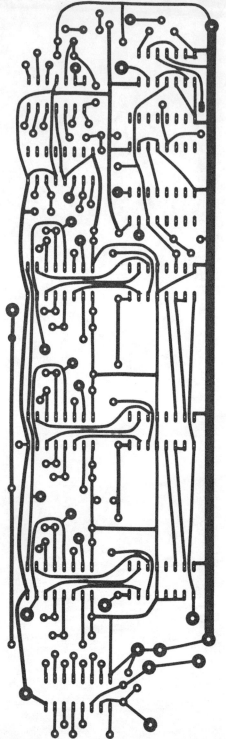

Abb. 2.30 Platinenvorlage des Wobbelgenerators

101

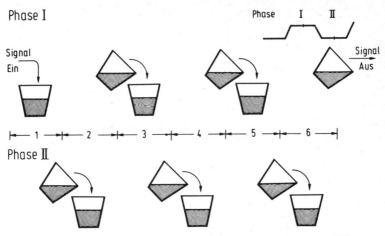

Abb. 4.2 Eimermodell für die Weitergabe der Ladungen innerhalb der EKL; nach /A1/

bzw. der halbe Ladungsunterschied von der ersten zu der zweiten Kapazität übertragen werden könnte. Vielmehr sind – da die Kapazitäten einseitig mit den jeweiligen Taktleitungen verbunden sind – die Taktpotentiale mit in den Ladungstransport einbezogen.

Abb. 4.2 mag als einfaches Modell dienen. In der oberen Reihe befinden sich die Signale in den Eimern mit den ungeraden Nummern, in der unteren die mit den geraden. Für den Ausgang bedeutet dies, daß während jeder zweiten Halbperiode das Ausgangssignal Null ist und während den dazwischenliegenden Halbperioden das übertragene Eingangssignal „abgeliefert" wird *(Abb. 4.3)*.

Um nun am Ausgang nicht einen dauernden Wechsel zwischen L und Signalprobe zu bekommen, hat man folgenden Kunstgriff angewendet. Die letzten Stufen wurden doppelt ausgeführt, wobei der untere Teil der Abb. 4.1 mit dem Transistor 513 eine Stufe mehr aufweist als der obere. Die Konsequenz ist, daß am Ausgang A′ das gleiche Signal wie am Ausgang A anliegt, jedoch um eine halbe Taktperiode später. Den Verlauf der Spannung A′ zeigt Spur b von Abb. 4.3.

Summiert man nun beide Ausgangssignale, so hebt sich das Taktsignal, das für jeden Ausgang (A oder A′) immer stärker als das Nutz-

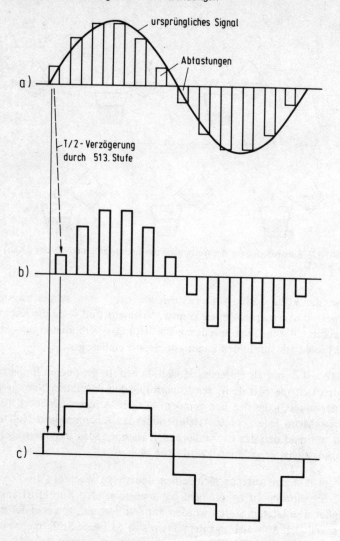

Abb. 4.3 Das Eingangssignal (---) tritt am Ausgang A nach 512 Stufen als Wechsel aus Signalprobe und 0 V auf (4.3a). Am Ausgang A' erscheint das gleiche Signal, wegen der 513. Stufe um eine halbe Taktperiode verzögert (4.3b). In der Summe (4.3c) heben sich die Taktsignale teilweise auf

signal ist, teilweise auf (Spur c). Der Taktrest hängt u.a. vom Abgleich der Summierwiderstände ab.

Die Verluste in einer EKL sind normalerweise so gering, daß sie nicht erwähnt werden. Tatsächlich bleibt jedoch bei jeder Ladungsübertragung von einer Stufe zur nächsten ein geringer Ladungsrest zurück, was sich zum Verlust der gesamten Leitung summiert. Als relativen Verlust ϵ bezeichnet man in diesem Zusammenhang gewöhnlich das Verhältnis des zurückbleibenden zum übertragenen Teil. ϵ hängt u.a. vom Halbleitertyp und von der Taktfrequenz, genaugenommen vom Verhältnis Signal- zu Taktfrequenz f/f_T ab.

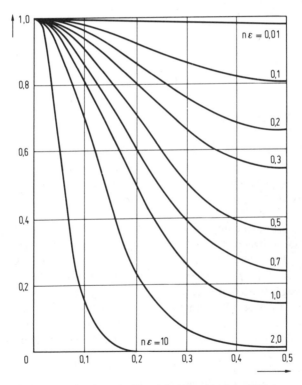

Abb. 4.4 Dämpfung des Signals bei Durchlauf der EKL in Abhängigkeit von Stufenzahl, $n \cdot \epsilon$ und f/f_T

135

Da in jeder der n Stufen einer Kette die gleichen Verluste auftreten, ergibt sich der gesamte Verlust zu $n \cdot \epsilon$. Für das Verhältnis von Ausgangs- zu Eingangsamplitude gilt schließlich

$$\frac{A_A}{A_E} = e^{-n\epsilon} \ (1 - \cos 2\pi \ f/f_T) \tag{4.1}$$

Beim IC SAD 1024 beträgt $\epsilon = 2,2 \cdot 10^{-4}$. $n \cdot \epsilon$ wird also 0,22. In *Abb. 4.4* ist die Dämpfung A_A/A_E in Abhängigkeit von $n \cdot \epsilon$ und f/f_T dargestellt.

Da die Signalfrequenz auf der X-Achse ansteigt, verdeutlichen die Kurven, daß eine EKL unter diesen Umständen einen Tiefpaßcharakter aufweist.

4.2 Filterschaltung mit EKL

Anwendungen der EKL sind naturgemäß dann gegeben, wenn Analogsignale verzögert werden sollen. Durch Kombination von Aus- und Eingangsspannung einer EKL lassen sich jedoch auch Filterwirkungen erzielen.

Die Grundschaltung der EKL ist in *Abb. 4.5* wiedergegeben. Die Potentiometer R1 und R2 erzeugen die Vorspannung. Ihr günstigster Wert liegt etwas unterhalb der halben Betriebsspannung. Beide EKLs verfügen über getrennte Takteingänge, die jeweils gegenphasig angesteuert werden. An den Ausgängen erfolgt die Summierung für jede EKL. Im Fall der oberen EKL ist sie durch Festwiderstände, im Fall der unteren durch einen Widerstandtrimmer dargestellt. Die Lastwiderstände (nominell 1 kΩ) können durchaus einige Kiloohm betragen.

Die Schaltung erlaubt es, beide EKL mit unterschiedlichen Taktfrequenzen anzusteuern. Jede der n (512) Zellen verzögert das ein-

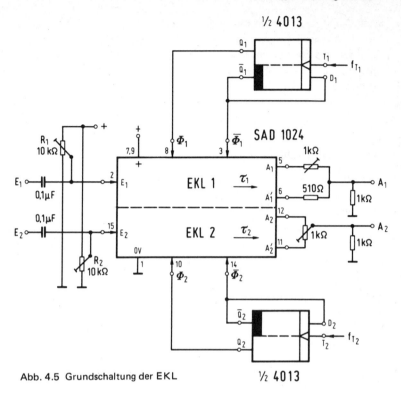

Abb. 4.5 Grundschaltung der EKL   ½ **4013**

gegebene Analogsignal um eine Halbperiode der Gegentakt-Steuer-frequenz. Eine Halbperiode ist der Zeitabstand zwischen einer an-steigenden und der darauffolgenden fallenden Flanke (oder umge-kehrt) desselben Taktsignals. Wenn die Frequenz f_T am Flipflop-Eingang 200 kHz beträgt, liegt an jedem Flipflop-Ausgang die halbe Frequenz mit einer Vollperiode von 10 μs an. Eine Halbperiode dauert folglich 5 μs.

Daher beträgt die Totalverzögerung der gesamten EKL aus 512 Stufen 5 μs · 512 = 2,56 ms. Als Rechenregel ausgedrückt:

$$\tau = n \cdot T/2 \qquad (4.2).$$

Mit $T = 1/f_T$ wird:

$$\tau = n/2f_T \qquad (4.3).$$

137

Daraus ergibt sich nun folgendes: Wenn das am Eingang liegende Nutzsignal eine Frequenz entsprechend der Periodendauer τ aufweist, so sind Eingangs- und Ausgangsspannungen gleichphasig und haben wegen der normalerweise geringen Verluste auch praktisch die gleichen Amplituden. Die Nutzsignalfrequenz errechnet sich dann zu:

$$f = 1/\tau = 2\,f_T/n \text{ oder } f_T / \frac{n}{2} \qquad (4.4).$$

Für das oben gewählte Beispiel wird f = 390,6 Hz.

Wenn die Eingangsfrequenz den doppelten Wert annimmt (781 Hz), dann tritt bereits in der Mitte der EKL ein der Eingangsspannung gleichphasiges Signal auf. Da die Verzögerungszeit von der Mitte bis zum Ende der EKL ebensogroß ist wie vom Anfang zur Mitte, sind folglich auch in diesem Fall Eingangs- und Ausgangssignal gleichphasig. Entsprechendes gilt für die 3fache Frequenz usw.

Die halbe Frequenz (195 Hz) hingegen wird innerhalb der Zeit τ nur um eine halbe Periode verzögert. Also sind Eingangs- und Ausgangssignal gegenphasig. Das trifft dann auch auf die Frequenzen 1,5 f, 2,5 f usw. zu.

Grafisch dargestellt zeigt *Abb. 4.6* diesen Zusammenhang. An den mit Kreuzen (x) gekennzeichneten Punkten sind die Signale gleich-, an den mit Kreisen (o) markierten gegenphasig.

Eine Anwendung der EKL als *Laufzeitfilter* sieht so aus. Wie *Abb. 4.7* zeigt, wird das Signal nach Durchlaufen der EKL über den einfachen Tiefpaß (2 kΩ, 10 nF) geführt und dabei größtenteils vom störenden Taktsignal befreit. Die Summierung erfolgt durch den sich anschließenden 10-kΩ-Widerstand und den Trimmer 20 kΩ am nichtinvertierenden Eingang des Operationsverstärkers.

Das Ausgangssignal ergibt also entsprechend Abb. 4.6 eine Signalanhebung bei den Frequenzen m · f und eine Auslöschung für die Frequenzen m · f +/− f/2, (m = 1, 2, 3, ...). Der Grad der Auslöschung wird am 20-kΩ-Trimmer optimal eingestellt.

Das gilt für die obere (gezeichnete) Stellung des Schalters S. Legt man den Schalter nach unten, so sind die Verhältnisse umgekehrt, Anhebungen und Auslöschungen also vertauscht.

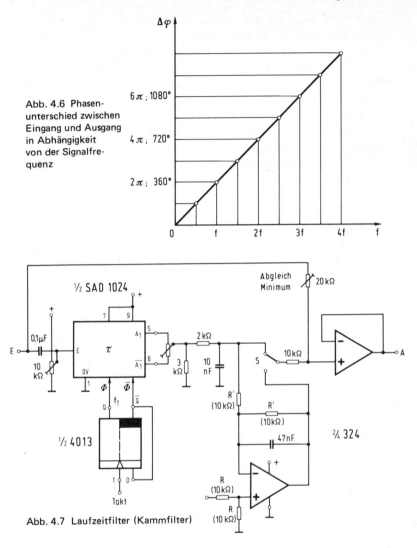

Abb. 4.6 Phasenunterschied zwischen Eingang und Ausgang in Abhängigkeit von der Signalfrequenz

Abb. 4.7 Laufzeitfilter (Kammfilter)

Nun ist aus dem vorher gesagten erkennbar, daß dieses Laufzeitfilter eine Kammstruktur in der Amplitudenfrequenzgang-Darstellung hat, daß sich Anhebungen und Auslöschungen abwechseln. Diese Eigenschaft mag in vielen Filteranwendungen stören, von Nutzen

139

ist sie dann, wenn z.B. eine bestimmte, konstante Frequenz und ihre Oberwellen unterdrückt werden sollen.

Man kennt derartige Anwendungen im Zusammenhang mit der Daten- und Steuersignalübertragung über Netzleitungen, z.T. als *Rundsteueranlagen* bezeichnet. Auf der Empfangsseite muß nicht nur die Netzfrequenz 50 Hz unterdrückt werden, sondern auch deren (kräftige) Oberwellen, die überwiegend durch die fast allgegenwärtigen Phasenanschnittsteuerungen in den Verbrauchern erzeugt und teilweise in das Netz zurückgegeben werden.

Die Sperrbereiche eines solchen Filters müssen also bei 50 Hz, 100 Hz, 150 Hz usw. liegen, die für die Signalübertragung ausnutzbaren Bereiche dazwischen.

Mit einer derartigen Signalübertragung ist ein zusätzliches Problem verbunden. Die Netzfrequenz ist nicht konstant. Sie kann kurzzeitig um wenige Prozent schwanken. Das bedeutet, daß im Frequenzbereich um 1 kHz die Oberwellen der Netzfrequenz bereits in die Nutzbereiche fallen können.

Hierfür gibt es eine reizvolle Lösung. Die Taktfrequenz für das EKL-Filter wird in einer PLL an die 50-Hz-Netzfrequenz angebunden; dann liegen die Nutzbereiche immer zwischen den Oberwellen.

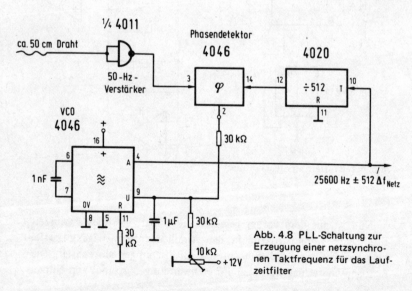

Abb. 4.8 PLL-Schaltung zur Erzeugung einer netzsynchronen Taktfrequenz für das Laufzeitfilter

In *Abb. 4.8* ist die Schaltung dieser PLL wiedergegeben. Der VCO schwingt auf 25600 Hz = 512 • 50 Hz. Eine gewisse Frequenzvariation zum erstmaligen Einstellen und Abgleich erlaubt der Trimmer 10 kΩ. Die VCO-Frequenz wird in den ersten 9 Stufen des ICs 4020 durch 512 auf 50 Hz geteilt und im Phasendetektor φ mit der 50-Hz-Netzfrequenz verglichen, die der extrem hochohmige 50-Hz-„Verstärker" 1/4 4011 mit einem Stück Antenne auffängt. Die Ausgangsspannung des Phasendetektors regelt den VCO so nach, daß die Ausgangsfrequenz immer 25600 Hz +/− Δf_{Netz} • 512 beträgt. Man erkennt, daß der Teiler mit dem Verhältnis 512 der Stufenzahl der EKL entspricht.

Die Sperrbereiche um die Frequenzen n • 50 Hz haben eine 6-dB-Bandbreite von +/− 8 Hz. Der Frequenzbereich reicht über 1 kHz hinaus. Bei einer maximalen Ein- wie Ausgangsspannung von 1 Vss beträgt das Minimum bei der Kerbfrequenz 60 mVss. Das gilt für ein einzelnes EKL-Filter. Bei Verwendung beider Eimerkettenleitungen des ICs erhöht sich die Selektion entsprechend.

Ein Kammfilter mit etwas weniger ausgeprägten Eigenschaften zeigt *Abb. 4.9*. Ein Teil des Ausgangssignals, einstellbar durch den Trimmer 2,5 kΩ wird auf den Eingang zurückgekoppelt, wo die Summierung stattfindet. Die Wirkung beruht auf der Gegenkopplung. Auslöschung tritt also auf, wenn Eingangs- und Ausgangssignal gegenphasig sind. Auf die Wiedergabe von Schaltungsdetails wird verzichtet. Die Spannungsquelle sollte einen nicht zu geringen Innenwiderstand ($R_i > 100\ \Omega$) aufweisen.

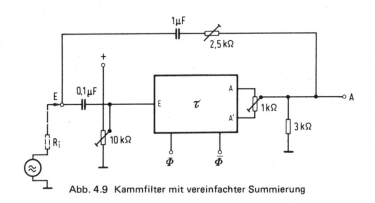

Abb. 4.9 Kammfilter mit vereinfachter Summierung

4.3 Phono- und Audio-Anwendungen

Für manchen Leser werden Phono- oder Audio-Anwendungen im Vordergrund des Interesses stehen. Dem sollen die folgenden Schaltungen Rechnung tragen.

Eine einfache Schaltung, die ein Kammfilter mit Hilfe des Ohres und eines Kopfhörers nachbildet, zeigt *Abb. 4.10* in verkürzter Darstellung. Die entsprechende Schaltmöglichkeit bieten u.a. Kopfhörer mit 3poligem Anschluß (Klinkenstecker).

Besonders interessant sind naturgemäß Schaltungen, in denen ein Phonosignal verzögert werden kann. Wie mit Hilfe einer EKL SAD 1024 unter Ausnutzung beider Sektionen zu je 512 Stufen eine bemerkenswerte Signalverzögerung erreicht werden kann, ist in *Abb. 4.11* dargestellt. Die Problematik bei der Verwirklichung einer derartigen *Echoschaltung* leitet sich von der Tatsache ab, daß die zwei EKL eines ICs nur 1024 Verzögerungsschritte erlauben. Um große Verzögerungszeiten zu erzielen, muß folglich die Taktfrequenz niedrig gewählt werden. Die untere Grenze stellt dabei (aus bekannter Ursache) der doppelte Wert der maximalen Signalfrequenz dar. Müssen z.B. Frequenzen über 5 kHz nicht mehr übertragen werden, und ist das Eingangssignal

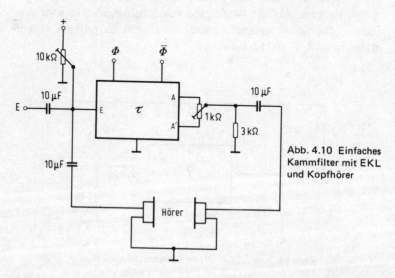

Abb. 4.10 Einfaches Kammfilter mit EKL und Kopfhörer

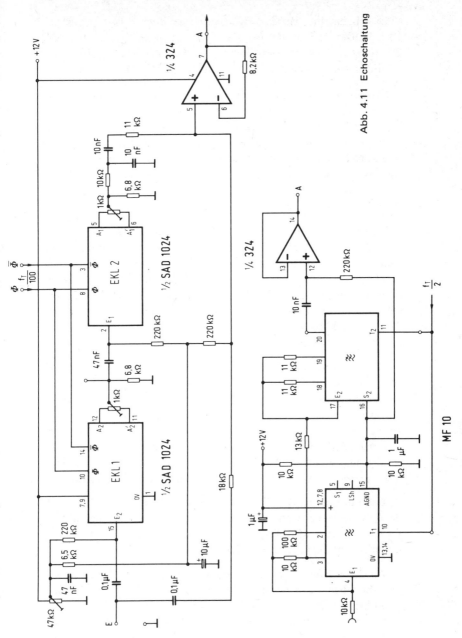

Abb. 4.11 Echoschaltung

143

auf 5 kHz bandbegrenzt, so ergibt sich die minimale Taktfrequenz zu 10 kHz. Daraus folgt mit (4.4) eine Verzögerungszeit von τ = 1024/ 2 · 10 kHz = 51 ms. Das enspricht einem einfachen, jedoch bereits wahrnehmbaren Echo durch eine Reflexionswand in 8,5 m Abstand.

Stärker verzögerte Echos gewinnt man durch die Reihenschaltung mehrerer ICs oder — unter Verzicht auf Übertragungsbandbreite und Störfreiheit — durch Herabsetzen der Taktfrequenz. Nimmt man in einer Testschaltung kräftige Störungen durch die Taktfrequenz und Aliassignale in Kauf, letztere sind im allgemeinen weniger wirksam und lassen sich z.B. durch das Anti-aliasing-Filter nach Abb. 1.23 ff wirksam unterdrücken, so kann man erhebliche Verzögerungen bis zur Länge einiger Silben erreichen.

Eine Echoschaltung, die auch die Unterdrückung der Taktfrequenz ermöglicht, ist in Abb. 4.11 dargestellt. Für die Vorspannungsversorgung der EKL-Hälften wird ein gemeinsamer Spannungsteiler 47 kΩ, nach der Verteilung über einen 6,5-kΩ-Widerstand mit 1...10 μF abgeblockt, verwendet. Beide EKL sind in Reihe geschaltet. Die Taktanschlüsse, die im übrigen grundsätzlich vertauschbar sind, liegen parallel. Die 1-kΩ-Trimmer sind zum Abgleich auf minimalen Taktrest im Ausgangssignal vorgesehen.

An die zweite EKL schließt sich ein einfacher RC-Tiefpaß 10kΩ/ 10 nF an. Der nachfolgende, als Puffer arbeitende Operationsverstärker nimmt die Summierung vor. Der Summierwiderstand des verzögerten Zweiges beträgt 11 kΩ, der des unverzögerten etwa 27 kΩ. Beide können auch in einem Potentiometer, mit dem Schleifer am nichtinvertierenden Eingang des Operationsverstärkers, zusammengefaßt werden und erlauben dann wahlweise die Bevorzugung des Original- oder verzögerten Signals, bzw. einen optimalen Nachhall einzustellen.

Das am Ausgang A1 entstehende Signal enthält noch den Taktrest, der besonders bei stark verzögertem Signal, wegen der tiefen Taktfrequenz, hörbar wird. Daher wird anschließend eine Filterung vorgenommen, mit dem Ziel, diesen Taktrest zu unterdrücken.

An dieser Stelle muß der Taktgenerator *Abb. 4.14* erwähnt werden. Er arbeitet auf bekannte Weise im Frequenzbereich von 200... 1800 kHz. Diese hohe Obergrenze der Taktfrequenz, die zur Ansteuerung der Eimerkettenleitungen noch durch 100 geteilt wird, ist erfor-

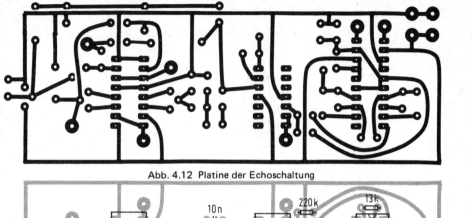

Abb. 4.12 Platine der Echoschaltung

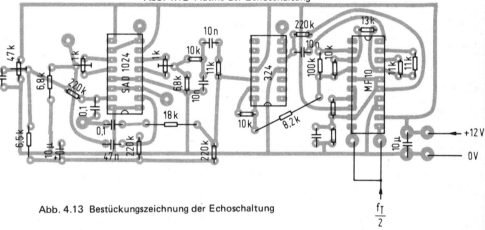

Abb. 4.13 Bestückungszeichnung der Echoschaltung

derlich, da die Bandsperr- und Tiefpaßfilter synchron mitlaufen müssen. Das IC MF 10 ist bereits auf die Betriebsart 50 : 1 geschaltet. Entsprechend wird die Teilung in den Teilern 4017 und 4013 vorgenommen. Da die EKL einen Zweiphasentakt benötigt, müssen die Teilerverhältnisse 10 : 1, 5 : 1 (oder umgekehrt) und zusätzlich 2 : 1 für die EKL und 2 : 1 für das Bandsperrfilter betragen.

Die Bandsperre unterdrückt also die Grundwelle der Taktfrequenz. Nun stellt man in der Praxis leicht fest, daß beim Herausfiltern der Grundwelle die Oberwellen der Taktfrequenz in Erscheinung treten. Obwohl auch diese grundsätzlich durch mitlaufende Filter zu beseiti-

145

146

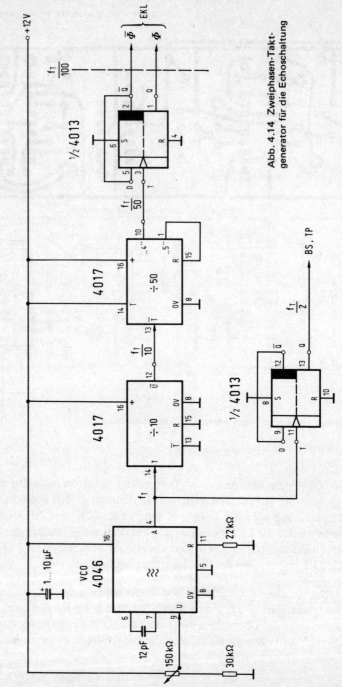

Abb. 4.14 Zweiphasen-Takt-
generator für die Echoschaltung

gen sind, empfiehlt es sich hier, wegen des Aufwands ein mitlaufendes Tiefpaßfilter zu verwenden, dessen Güte mit Q = 1 eine sehr leichte Resonanzüberhöhung bei der Grenzfrequenz zeigt.

Die Platinenvorlage für die Echoschaltung ist in *Abb. 4.12*, die Bestückungszeichnung in *Abb. 4.13* dargestellt. Beim Aufbau ist unbedingt zu beachten, daß das EKL-IC SAD 1024 in umgekehrter Anschlußfolge, also „mit dem Kopf nach unten" einzulöten ist! Der

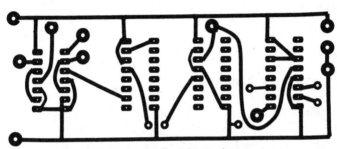

Abb. 4.15 Platine des Zweiphasentaktgenerators

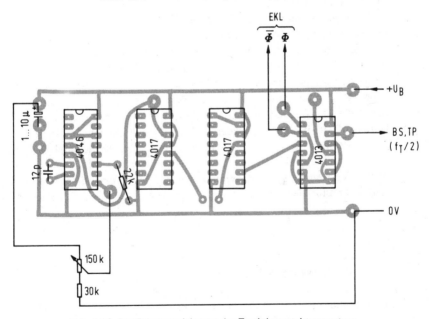

Abb. 4.16 Bestückungszeichnung des Zweiphasentaktgenerators

147

1-kΩ-Trimmer am Ausgang der ersten EKL hat übrigens im Gegensatz zum zweiten kaum Einfluß auf den Anteil des Taktsignals in der Ausgangsspannung. Man würde ihn jedoch benötigen, falls nur eine EKL Verwendung fände. Der Abgleich des zweiten Trimmers erfolgt am günstigsten ohne Eingangssignal und vor der Bandpaß- und Tiefpaßfilterung.

In *Abb. 4.15* ist die Platinenvorlage und in *Abb. 4.16* die Bestückungszeichnung für den bereits erwähnten Taktgenerator wiedergegeben.

4.4 Phasenmodulator

Der Einsatz einer EKL als Phasenmodulator bzw. -demodulator ergibt sich aus der Eigenschaft, daß die Laufzeit, d.h. auch die Phasenbeziehung zwischen Ein- und Ausgangssignal, durch die Taktfrequenz variiert werden kann.

Einen interessanten akustischen Effekt erzeugt die EKL (ohne Echoschaltung), wenn die Taktfrequenz während der „Übertragung" plötzlich stark verändert wird. Im einfachsten Fall geschieht das durch Verstellen des Taktpotentiometers von Hand. Senkt man die Taktfrequenz plötzlich ab, so treten die am Eingang eingespeicherten Schwingungen am Ausgang A verzögert wieder heraus und umgekehrt. Bleibt die Taktfrequenz danach konstant, so treten nach einer vollen Durchlaufzeit die Signale wieder in der Originaltonhöhe auf. Dieser Effekt ist so stark ausgeprägt, daß sich eine „leiernde Schallplatte" mühelos nachbilden läßt.

Die Verwendung der Phasenmodulations- und -demodulationseigenschaften für Meßzwecke sei hier nur erwähnt.

4.5 „Vorhersageschaltungen"

In manchen Fällen würde es sich der Nachrichtentechniker oder Elektroniker wünschen vorherzusehen, welchen Verlauf irgendein

Signal, z.B. eine Spannung, in der unmittelbaren Zukunft nehmen wird, um dann entsprechende Maßnahmen treffen zu können.

Beispiele:

- Die Amplitude eines Signals schwankt stark. Ein Regelverstärker kann dies zwar ausgleichen, jedoch immer mit einer gewissen Zeitverzögerung.

- Ein Funksignal wird mit kurzzeitigen Impulsstörungen empfangen. Wenn man die Zeitpunkte kennen würde, zu denen diese Störungen auftreten, könnte man sie unterdrücken oder das Signal während der Störung ganz austasten.

Nun gibt es eine echte Möglichkeit zur Vorhersage zwar nicht, jedoch kann man sich helfen, indem man das Signal künstlich, z.B. in einer EKL verzögert, es beim Auftreten, d.h. am Eingang der EKL überwacht und die erforderlichen Maßnahmen auslöst, bevor das Signal die EKL verläßt.

4.6 Die angezapfte Eimerkettenleitung

Die oben vorgestellte EKL vom Typ SAD 1024 enthält zwei gleiche EKL zu je 512 Stufen. Die Signale stehen also nur am Eingang und am Ausgang der EKL zur Verfügung. Eine andere Version der EKL verfügt über *Anzapfungen (Taps)*. Man bezeichnet sie daher als *tapped analog delay line (angezapfte analoge Verzögerungsleitung)*.

Diese Anzapfungen weisen gewöhnlich gleiche Abstände von z.B. je einer Stufe auf. Das bedeutet, daß ein Signal, das die EKL durchläuft, nacheinander an allen Anzapfungen „erscheint", etwa so wie jemand, der an einem langen Gang entlangläuft und durch jedes Fenster kurz zu sehen ist.

Der Sinn dieser Anzapfungen liegt nun in der Tatsache, daß man dasselbe Signal in einer ganzen Reihe verschiedener „Entwicklungsphasen" vorliegen hat, und durch unterschiedliche Gewichtung der einzelnen Ausgänge (Anzapfungen) Filterfunktionen bilden kann. *Abb. 4.17* zeigt das Prinzip.

149

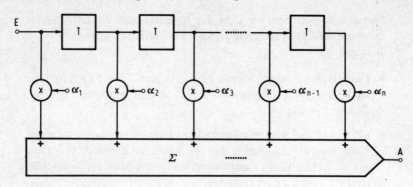

$\left(x \right)$ = Multiplizierer-(Gewichtungs-) Schaltungen

Σ = Summierer

Abb. 4.17 Die angezapfte Eimerkettenleitung als Transversalfilter

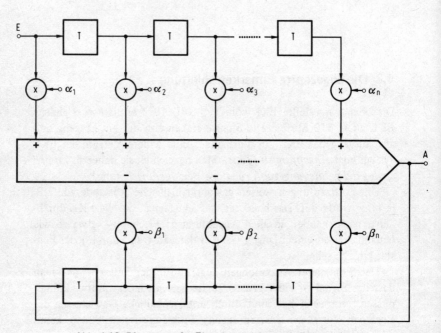

Abb. 4.18 Die angezapfte Eimerkettenleitung als Rekursivfilter

Jede Stufe verzögert das Signal um die Zeit T in Abhängigkeit von der Taktfrequenz. Jedes Einzelsignal gelangt an einen Multiplizierer und wird dort mit einem Faktor α_1 bis α_n *gewichtet* (bewertet). Diese Faktoren bewegen sich zwischen +1 und −1. Anschließend erfolgt die Summierung zum Ausgangssignal.

Wählt man die Gewichte α_i nun so, daß sie mit der Nummer der Stufe kleiner werden, so entsteht aus einem kurzen Eingangsimpuls, der dann die Leitung durchläuft, ein schnell ansteigendes und langsam abklingendes Signal. Diese Anordnung zeigt also Tiefpaßverhalten. Eine andere Deutung der Schaltung ist, daß ein aktuelles Ereignis (das zwangsläufig immer nur am Eingang der EKL anstehen kann) mehr betont wird und stärker in das Ausgangssignal eingeht, als ein zeitlich weiter zurückliegendes. Auch das ist typisch für einen Tiefpaß.

Durch entsprechende Wahl der Gewichte α_i lassen sich verschiedene Filtertypen herstellen. Bezüglich des Aufbaus unterscheidet man den in Abb. 4.17 gezeigten Aufbau, der wegen seiner Funktion als reines Laufzeitfilter als *Transversalfilter* bezeichnet wird und den Aufbau nach *Abb. 4.18*, der eine Rückführung (Rückkopplung) aufweist und daher den Namen *Rekursivfilter* trägt. Die Gewichte im Rückführungszweig heißen β_i. Ihre Vorzeichen sind negativ. Rekursivfilter erlauben einen einfacheren Filteraufbau.

4.7 Korrelator

Eine wichtige meßtechnische Anwendung finden EKL als Verzögerungsleitungen in *Korrelatoren*. Die Korrelation gibt an, welche Beziehung („Ko-Relation") zwischen zwei (zeitlich) veränderlichen Signalen besteht. Eine einfache Form der Korrelation ist die *Auto-Korrelation*. Das ist die Beziehung zwischen einer Funktion im Original-Zeitverlauf und ihrer verzögerten Wiedergabe.

Abb. 4.19 zeigt, wie das Signal x(t) in die Verzögerungsleitung gegeben wird. Das die Verzögerungsleitung verlassende Signal hat

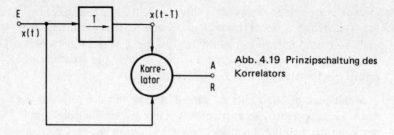

Abb. 4.19 Prinzipschaltung des Korrelators

dann die Form x(t−T), wobei T die Verzögerungszeit der Leitung ist. Der Korrelator bildet das Produkt aus beiden. An seinem Ausgang steht dann das Autokorrelationsprodukt

$$R_A = x(t) \cdot x(t-T) \quad \text{an.}$$

Anwendungen finden Autokorrelatoren z.B. dort, wo an einem unbestimmten, stark verrauschten oder gestörten Signal x(t) untersucht werden soll, ob darin regelmäßig wiederkehrende (periodische) Anteile enthalten sind. Ist dies der Fall, dann zeigt sich eine Korrelation z.B. bei Verzögerung des Signals x(t) um eine Periode dieser unbekannten, im Rauschen versteckten Frequenz. An den Korrelator schließt sich gewöhnlich noch ein Tiefpaß an.

4.8 Mittelwertbildung

Signale, die von Störungen behaftet sind, kennt man in allen Bereichen der Meß- und Nachrichtentechnik. Ein Verfahren zur Unterdrückung dieser Störungen ist z.B. die Tiefpaßfilterung. Ihre Nachteile sind die Beschneidung des Frequenzbandes in Bereichen, die auch Nutzsignale enthalten können und — damit verknüpft — die ausklingende Speicherung von zeitlich zurückliegenden Signalen.

Ein echter Mittelwertbilder vermeidet dies. Er bildet den Mittelwert aus dem gegenwärtigen Signal und einer gleichgroßen Anzahl von zurückliegenden und „zukünftigen" Signal(-proben). Mit einer angezapften EKL ist dies sehr gut zu bewerkstelligen. Die Gewichte, mit denen die einzelnen Anzapfungen in das Ergebnis eingehen, müssen dabei gleich sein.

Der Fachausdruck für diese Mittelwertbildung oder Glättung ist *Convolution*. Ein anschauliches — wenngleich mit EKL wegen der zu langen Speicherzeiten nicht zu realisierendes Beispiel — ist das gleitende Wochenmittel der Temperatur, zu dessen Berechnung die Temperatur des jeweiligen Tages, der drei vorhergehenden und der drei nachfolgenden Tage zu mitteln sind.

5 N-Pfad-Filter

N-Pfad-Filter stellen eine eigenständige Entwicklung innerhalb der Klasse der Schalterfilter dar. Sie liegen wegen verschiedener Probleme noch nicht als integrierte Schaltungen vor. Ob es zu einer derartigen Entwicklung kommen wird, ist beim jetzigen Stand der Technik dieser Filter nicht sicher.

5.1 Prinzipielle Funktion der N-Pfad-Filter

Ein N-Pfad-Filter entsteht, wenn mehrere gleichartige Filter, z.B. Tiefpässe, zyklisch in einen Übertragungsweg eingefügt werden. Das Prinzip erläutert *Abb. 5.1*. Die Stellungen der Schalter S1 und S2 sind immer gleichphasig (die Schalterarme stehen parallel) und laufen

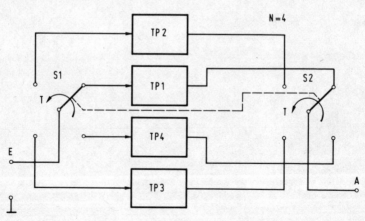

Abb. 5.1 Prinzipschaltung der N-Pfad-Filter als rotierende Schalter

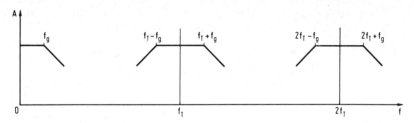

Abb. 5.2 Amplitudenfrequenzgang des N-Pfad-Filters mit Tiefpässen als geschalteten Elementen

synchron um (gleiche Taktfrequenz). Dabei ist die Zahl N der Schalterstellungen nicht begrenzt. Der Name N-Pfad-Filter rührt her von der Zahl der N Pfade. Eine andere Bezeichnung ist wegen der Umschaltung der Begriff *Kommutativ*-Filter.

Die Anordnung weist – unabhängig davon, ob die Schalter rotieren – ein Tiefpaßverhalten auf. Durch die Rotation (Umschaltung) mit der Taktfrequenz f_T entstehen zusätzliche Durchlaßbereiche bei der Taktfrequenz und ihren Oberwellen. Man kann sich dies als Spiegelung des passiven Frequenzverhaltens des Tiefpaßfilters an der Taktfrequenz und der ihrer Oberwellen vorstellen. *Abb. 5.2* stellt das schematisch dar. Die Tiefpaß-Bandbreite reicht von Null bis zur Grenzfrequenz f_g. Die Bandbreite der höheren Durchlaßbereiche ist genau doppelt so hoch, beträgt also $2 \cdot f_g$. Allgemein ausgedrückt reicht die Bandbreite B von $n \cdot f_T + f_g$ bis $n \cdot f_T - f_g$ (n = 1, 2, 3, ...). Aus dem Tiefpaß entsteht also ein Bandpaß mit Kammstruktur (Tiefpaß-Bandpaß-Transformation).

Hierbei ist folgendes festzuhalten. Die Durchlaßbereiche lassen sich mit der Taktfrequenz f_T abstimmen und sind ihr proportional (wie allgemein bei Schalterfiltern). Die Bandbreite ist jedoch konstant und unabhängig von f_T. Sie beträgt immer $2 \cdot f_g$. In Reihe geschaltete N-Pfad-Filter können mit derselben Taktfrequenz abgestimmt werden. Die Güte Q errechnet sich zu:

$$Q = \frac{n \cdot f_T}{2 \cdot f_g} \qquad (5.1).$$

155

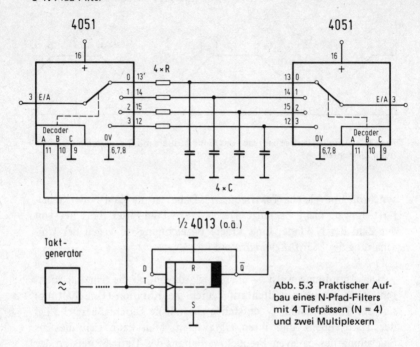

Abb. 5.3 Praktischer Aufbau eines N-Pfad-Filters mit 4 Tiefpässen (N = 4) und zwei Multiplexern

Q steigt also bei gleicher Harmonischenzahl n mit steigender Taktfrequenz und sinkender Tiefpaß-Grenzfrequenz f_g (also Erhöhung der Zeitkonstante τ) an.

5.2 Realisation eines N-Pfad-Filters mit Multiplexern

Die praktische Ausführung eines derartigen N-Pfad-Filters zeigt *Abb. 5.3*. Als rotierende Schalter arbeiten 2 Multiplex-ICs 4051, die jeweils als Drehschalter mit 1 Ebene und 8 Stellungen interpretiert werden können. Diese 8 Stellungen werden durch die Zustände der 3 Codiereingänge A...C ausgesucht. Wenn (wie hier) nur 4 Stellungen zum Einsatz kommen, kann der Eingang C inaktiv bleiben. Da die Eingänge A und B parallel geschaltet sind, arbeiten beide Schalter gleichphasig, und wegen der gemeinsamen Taktfrequenz sind sie auch synchron. Zur Erzeugung der Steuersignale für A und B kann ein einzelnes Flipflop (4013) oder auch 2 Abgriffe aus einem Binärteiler-IC (z.B. 4040) dienen. In jedem Fall müssen beide Steuersignale das Tastverhältnis 1 : 1 aufweisen. Als Taktgenerator kann auch hier die VCO-Sektion eines PLL-ICs 4046 benutzt werden.

Mit $2 \cdot f_T$ = 1 kHz entsteht ein erster Bandpaß-Durchlaßbereich bei 500 Hz. Wählt man R = 360 kΩ, C = 8,2 nF, so mißt man eine 3-dB-Bandbreite von ca. 30 Hz. Die physikalischen Grundlagen hierfür werden beschrieben durch:

$$H = \frac{1}{\left(\dfrac{f - f_T}{f_g}\right)^2 + 1} \qquad (5.2).$$

Hierin ist

$$f = \frac{RC}{2\pi} \qquad (5.3).$$

Für ein N-Pfad-Tiefpaßfilter ergibt sich eine Bandpaß-Bandbreite von

$$B = \frac{1}{\pi\,N\,R\,C} \qquad (5.4).$$

N ist die Pfadzahl, hier N = 4. Bei Einsetzen der oben genannten Werte erhält man ca. 27 Hz Bandbreite.

5.3 Aufbau eines einfachen Parallelschalterfilters

Die Filterschaltung nach Abb. 5.3 ist noch recht aufwendig. Sie läßt sich vereinfachen, indem die 4 Widerstände zu einem zusammengefaßt und die Kapazitäten in einer Parallelschalteranordnung mit einfachen Schaltern entsprechend *Abb. 5.4* betätigt werden. Diese Schaltung hat zudem den Vorteil, daß die Schalter einseitig an Masse liegen.

5 N-Pfad-Filter

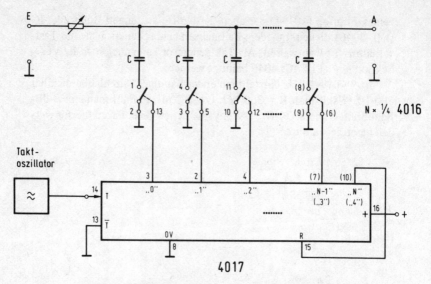

Abb. 5.4 Abwandlung des N-Pfad-Filters nach Abb. 5.3 zum Parallelschalterfilter

Die Schalter können durch integrierte bidirektionale Schalter des Typs 4066 oder 4016 realisiert werden; jedes Gehäuse enthält 4 davon. Zur Ansteuerung verwendet man am günstigsten einen Dekadenzähler mit dekodierten Ausgängen, z.B. 4017, dessen R-Eingang mit dem niedrigsten unbenutzten Ausgang verbunden wird. So entsteht ein Zähler, der nacheinander die N Positionen durchläuft.

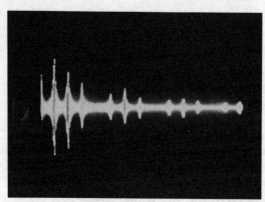

Abb. 5.5 Der gewobbelte Amplitudenfrequenzgang des N-Pfad-Filters (4-Pfad-Filter) läßt die Kammstruktur erkennen

Ein spezieller Vorteil dieses N-Pfad-Filtertyps liegt darin, daß durch Variation des Widerstands R (Potentiometer) gemäß 5.4 die Bandbreite des Bandpaßfilters kontinuierlich verändert werden kann.

In *Abb. 5.5* ist der gewobbelte Amplitudenfrequenzgang eines 4-Pfad-Filters (Parallelschalterfilter) nach Abb. 5.4 dargestellt. Die R- und C-Werte sind 120 kΩ bzw. 47 nF. Man erkennt, daß hier jeder vierte Durchlaßbereich (generell: jeder N-te) fehlt.

Es soll nicht verschwiegen werden, daß auch N-Pfad-Filter spezifische Nachteile aufweisen. So erscheint stets die Taktfrequenz im Ausgangssignal und – bedingt durch Ungleichheiten im Filteraufbau, z.B. unterschiedliche Kapazitätswerte – entsteht eine Modulation zwischen der Signalfrequenz und dem N-ten Teil der Taktfrequenz. Da beide im Durchlaßbereich (annähernd) gleich sind, ist die Differenzfrequenz entsprechend gut hörbar.

6 Literaturhinweise

Die nachfolgenden Literaturangaben sind überwiegend nach den einzelnen Teilgebieten dieses Bandes sortiert.

A) Allgemeines

[1] EG&G Reticon, Analog MOS/LSI Signal Processing Seminar Handbook, Reticon Corp.

[2] Leuthold, P. und Tisi, T.: Betrachtungen zum Abtasttheorem und zum ersten Nyquist-Kriterium. NTZ 1968, Heft 7, S. 401...404.

[3] Kuntz, W. und Schäfer, K.: Digitale Eingangsfilter für PCM-Systeme. NTZ 1969, Heft 10, S. 565...568.

[4] Ham, P.A.L.: Simple digital filters. Wireless World, July 1979, S. 53...57.

[5] Rienecker, W.: Elektronik-Arbeitsblatt Nr. 134. CCD-Filter, Elektronik 1980, Heft 22, S. 129...132.

[6] Langer, E.: Spulenlose integrierte Filter. Internationale Elektronische Rundschau 1971, Nr. 7, S. 163...168.

[7] Meder, H.: Digitale Filter und ihre Anwendungen. Wissenschaftliches Zentrum Heidelberg, IBM Deutschland.

[8] Lösel, M.E.: Digitale Filtertechnik. Elektronik 1973, Heft 3, S. 79...84.

[9] Tietze, U. und Schenk, Ch.: Halbleiterschaltungstechnik. Springer-Verlag.

[10] Best, R.: Handbuch der analogen und digitalen Filterungstechnik. AT-Verlag, Aarau, Stuttgart.

[11] Vahldiek, H.: Aktive RC-Filter. R. Oldenbourg-Verlag.

B) SC-Filter

[1] Regan, T.: Introducing the MF 10: A Versatile Monolithic Active Filter Building Block. Application Note 307, August 1982.

[2] Reticon, Application Note, AN-R5620-I, Use of the Reticon R5620 as a Second-Order Filter.

[3] Hollmann, J.: Aktive Tiefpässe mit dem Zweifach-Filterverstärker TCA 250. Funk-Technik 1972, Nr. 5, S. 155...158.

[4] National Semiconductor Corporation, Universal CMOS Filters, Making CMOS do more.

[5] Rienecker, W.: Monolithisch integrierbare Filter mit geschalteten Kapazitäten. Elektronik 1980, Heft 13, S. 37...43 und Heft 14, S. 79...82.

[6] Walby, M.: The Switched-Capacitor Filter: An All Silicon Approach. EG&G Reticon Application Note.

[7] Ghaderi, M.B., Nossek, J.A., Temes, G.C.: Narrow-Band Switched-Capacitor Bandpass Filters, IEEE-Transactions on Circuits and Systems, Vol. CAS-29, No. 8, August 1982, S. 557...572.

[8] Nossek, J.A.: Switched-Capacitor-Filters: A Comparison and Some Experimental Results. Frequenz 33 (1979), 7/8 S. 219...222.

[9] Spahlinger, G: Simulierte Induktivitäten mit geschalteten Kondensatoren. AEÜ, Band 35, 1981, Heft 1, S. 53...55.

[10] Degen, W.: Alternativen beim Bau von D/A-Wandlern. Funkschau 1979, Heft 8, S. 85...87.

[11] Borstel, W.: private communication.

[12] Lemme, H.: Spannungsgesteuertes Tiefpaßfilter mit 100 dB/Oktave Flankensteilheit. Elektronik 1981, Heft 19, S. 109...110.

[13] Arnoldt, M.: Anwendungen von Bandpaßfiltern mit geschalteten Kapazitäten. Elektronik 1980, Heft 21, S. 98...100.

[14] Arnoldt, M.: Netzfrequenz-Analysator. Elektronik 21/22, 10.82, S. 97, 98.

[15] Arnoldt, M.: Treppenspannungsgenerator und CODEC-Tiefpaß erzeugen Sinussignal. Elektronik 16/1981, S. 64...66.

[16] Arnoldt, M.: Gütebestimmung von Schwingkreisen. Funkschau 18/1981, S. 106...107.

[17] Arnoldt, M.: Filter mit variabler Grenzfrequenz. Funkschau 10/1981, S. 86...87.

[18] Arnoldt, M.: Universelles NF-Filter mit integrierter Schaltung. Funktechnik 37 (1982), Heft 12, S. 521...525.

[19] Arnoldt, M.: Schalter-Kondensator-Filter als schmalbandiger Empfangsumsetzer. Elektronik 1/1984, S. 65, 66.

[20] Arnoldt, M.: Digital abstimmbares NF-Filter. Elrad 1983, Heft 9, S. 30 ...33.

C) Eimerkettenleitung

[1] HOT-Elektronik, Wiederentdeckt: der Eimerketten-Speicher. elektronik-praxis, Nr. 1/2, Februar 1977, S. 12...15.

[2] Reticon, Datenblatt SAD-1024, Dual 512 Stage Analog Delay Line.

[3] Weber, M. und Wengert, L.P.: Transversalfilter unter Verwendung einer analogen Verzögerungsleitung mit Anzapfungen und hybrider Bewertung. Nachrichten-Elektronik 9-1977, 10-1977.

[4] Arita, S.: Low Noise Bucket Brigade Device is 99,99 % Efficient. JEE, Februar 1977, S. 35...37.

[5] Baumann, H.-G. und Jansen, W.: Einfacher Korrelator zeigt Eigenschaften stochastischer Signale. elektronik-praxis Nr. 7, Juli 1979, S. 10...14.

[6] Valvo, Valvo-Brief, Die Eimerketten-Schaltung TDA 1022, 24. März 1977.

[7] Hollmann, J.: Wie funktioniert eigentlich die Eimerkettenleitung? Funkschau 1976, Heft 11, S. 42...44.

D) N-Pfad-Filter

[1] Langer, E.: Spulenlose Hochfrequenzfilter. Siemens AG, Fachbuch.

[2] Langer, E.: Zeitmultiplexverfahren zur Filtersynthese, (Eine mathematische Einführung ... eines vielversprechenden Schaltungsprinzips). Frequenz Bd. 20 (1966), Nr. 12, S. 396...406.

[3] Möhrmann, K. und Heinlein, W.: N-Pfad-Filter hoher Selektivität mit spulenlosen Schwingkreisen. Frequenz 21 (1967) 12, S. 369...375.

[4] Reinholdt, G.: Über die Berechnung von N-Pfad-Filtern. Frequenz 25 (1971) 4, S. 118...122.

[5] Langer, E.: Realisierungsprobleme bei N-Pfad-Filtern. Frequenz 22 (1968) 1, S. 11...16.

[6] Langer, E.: Möglichkeiten und Grenzen aktiver RC-Filter. Elektronik-Anzeiger 2. Jg. Nr. 9, Verlag W. Girardet, Essen.

[7] Langer, E.: Ein neuartiges N-Pfad-Filter mit zwei konjugiert komplexen Polpaaren. Frequenz 22 (1968) 3, S. 90...95.

[8] ohne Verfasser.: Digitale Filter. Funktechnik 37 (1982), Heft 4, S. 139...141.

Sachverzeichnis

Weitere Franzis Elektronik-Fachbücher

Aktive RC-Filter

Ein Lehrbuch, aktive Filterschaltungen zu entwerfen. Von Miklós **Herpy** und Jean-Claude **Berka.** 326 Seiten mit 109 Abbildungen. Lwstr-geb. mit Schutzumschlag, DM 78.–
ISBN 3-7723-7011-X

Dem Entwickler wird hier eine praktische und leicht anwendbare Entwurfsmethode für aktive Filterschaltungen geboten.
Mit Hilfe dieser Methode lassen sich die Schaltungen und Bauelemente für aktive RC-Filter mit einem relativ geringen Rechenaufwand ermitteln.
Im Mittelpunkt des Bandes steht der Grundbaustein der Kaskadenfilter, d. h., das Grundglied zweiten Grades.
So erhält der Entwickler mit diesem Band eine ganz vorzügliche Hilfe und einen wesentlichen Überblick, um seine alltäglichen Filterprobleme einfach und rational zu lösen.

Digitale Audiotechnik

Grundlagen und Praxis der modernen Audiotechnik und ihrer Systeme. Von Dieter **Thomsen.** 192 Seiten, 155 Abbildungen und 10 Tabellen. Lwstr-geb., DM 38.–
ISBN 3-7723-7151-5

Weit geöffnet wird hier der Einblick in ein neues modernes Gebiet, in die digitale Tontechnik. Die ersten gesicherten Grundlagen werden bloßgelegt, das erste praktische Know-how verraten.
Der Autor, ein Vertriebsleiter für professionelle Audiotechnik, hat es bestens verstanden, einen klaren Überblick über die theoretischen Grundlagen zu geben. Das Verständnis für digitale Methoden und Geräte der Tontechnik wird geweckt und denjenigen, die aus der Analogtechnik kommen, wird die Scheu vor der Digitalisierung genommen.
Wer sich mit diesem Buch vertraut macht, der kann von der immer mehr Dynamik entwickelnden digitalen Audiotechnik nicht überrollt werden.

Checkliste zur Fehlerverhütung bei der Entwicklung elektronischer Schaltungen

Wie durch systematisches Abchecken Entwicklungsfehler frühzeitig erkannt und verhindert werden. Von Günter **Eckardt.** 141 Seiten, 39 Abbildungen. Lwstr-kart., DM 29.–
ISBN 3-7723-6721-6

Besonders den jungen Entwickler in Handwerk und Industrie bewahrt diese Checkliste vor Fehlern und Unzulänglichkeiten. Sie hilft aber auch dem schon erfahrenen Entwickler und Erfinder neuer Schaltungsvarianten, Flüchtigkeitsfehler und Irrtümer zu vermeiden.
Die Fragen dieser Checkliste sind trotz ihrer Spezialisierung für jede Schaltungsart gültig.
Wer sie Punkt für Punkt durchgeht, hat die Garantie, auch an alles gedacht zu haben.
Der Benutzer dieser Checkliste kommt bei konsequenter Anwendung zu sicher und zuverlässig arbeitenden Geräten und vermeidet unnütze Kosten und Ärger bei der Fabrikation.

Preisänderungen und Liefermöglichkeiten vorbehalten

Franzis-Verlag, München

Weitere Franzis Elektronik-Fachbücher

Das große Werkbuch Elektronik

Das große Arbeitsbuch mit Entwurfsdaten, Tabellen und Grundschaltungen für alle Bereiche der angewandten und praktischen Elektronik. Von Ing. Dieter **Nührmann**. 4., verbesserte und erweiterte Auflage. 1218 Seiten mit 1150 Abbildungen und zahlreichen Tabellen. Lwstr-geb. DM 108.–
ISBN 3-7723-6544-2

Das Werkbuch Elektronik ist ein Arbeitsbuch. Wer es befragt, bekommt Auskunft über den Ist-Stand der praktischen und angewandten Elektronik. Das geschieht kurz und bündig, klipp und klar. Seitenlange Abhandlungen über das Wie und Warum wären hier fehl am Platze.
Im großen Werkbuch Elektronik sind all jene Tabellen konzentriert, die sonst immer erst mühsam aus anderen Publikationen zusammengesucht werden müssen. Wer tut schon gerne diese Arbeit? Hier findet man übersichtlich geordnet die mechanischen, physikalischen und elektronischen Werte.
Das große Werkbuch Elektronik hilft beim Entwurf von elektronischen Bausteinen, Geräten und Anlagen. Es hält die notwendigen Entwurfsdaten und Basisschaltungen bereit und ist somit eine praxisnahe Orientierungshilfe, die vor Umwegen und Sackgassen bewahrt.
Das große Werkbuch Elektronik liegt in vierter, neu bearbeiteter und erweiterter Auflage vor. 453 Seiten sind dazugekommen, davon allein 240 Seiten Schaltungstechnik. Die Arbeitsunterlagen für die HF-Technik wurden stark ausgebaut. Das hatten sich die Benutzer der früheren Auflagen besonders gewünscht. Auch mit Abbildungen wurde nicht gegeizt. Resultat: 350 kamen dazu.

Elektronik-Abkürzungen von A bis Z

4700 internationale Abkürzungen der Elektronik und ihre Bedeutung. Von Ulrich **Freyer**. 253 Seiten. Lwstr-geb., DM 26.–
ISBN 3-7723-7141-8

Abkürzungen und Kunstwörter werden in diesem Nachschlagewerk auf ihre ursprüngliche Schreibweise zurückgeführt und erklärt. Knapp 5000 sind es. Für jede Abkürzung aus dem weitesten Bereich der Elektronik – einschließlich Luft- und Raumfahrt sowie die Militärtechik – ist die Langform angegeben und bei fremdsprachigen Abkürzungen zusätzlich die deutsche Übersetzung oder eine kurze sinngemäße Erklärung der Begriffe. Die Abkürzungen sind selbstverständlich alphabetisch geordnet, damit man sie schnell finden kann.
Allen, die in Theorie und Praxis mit der Elektronik in Berührung kommen, ist dieses Nachschlagewerk in dem ständig dichter werdenden Abkürzungs-Dschungel eine schnelle und große Hilfe.

Preisänderungen und Liefermöglichkeiten vorbehalten

Franzis-Verlag, München